新型职业农民示范培训教材

农 产 品 营 销

张小平　主编

中国农业出版社

内容简介

　　本示范培训教材以培养新型职业农民为目标，以掌握农产品营销的核心技能为出发点，理论紧密联系实际，突出实用性，强调实践性，可为农产品生产经营者解决营销实际中出现的问题提供一定的帮助。

　　本教材共 8 个单元，包括认识农产品营销、农产品营销环境分析、农产品目标市场选择、农产品创新策略、农产品定价方法与策略、农产品销售方式、农产品促销策略、农产品物流。每个单元下有若干个项目，每个项目由案例导入、知识储备、案例分析、实训活动、能力转化几部分组成，体现了教学做一体化的原则，注重实践性和操作性，有利于营销技能的培养。书中配有大量图表和阅读资料，同时介绍了营销实践的最新成果。

　　本教材既可作为新型职业农民培育教材，也可作为在职农民学历教育和各类职业学校涉农专业的教学用书，还可作为送教下乡、农民培训的参考用书，以及农产品营销人员的知识读本。

新型职业农民示范培训教材

编 审 委 员 会

本 册 编 写 人 员

出 版 说 明

发展现代农业，已成为农业增效、农村发展和农民增收的关键。提高广大农民的整体素质，培养造就新一代有文化、懂技术、会经营的新型职业农民刻不容缓。没有新农民，就没有新农村；没有农民素质的现代化，就没有农业和农村的现代化。因此，编写一套融合现代农业技术和社会主义新农村建设的新型职业农民示范培训教材迫在眉睫，意义重大。

为配合《农业部办公厅　财政部办公厅关于做好新型职业农民培育工作的通知》，按照"科教兴农、人才强农、新型职业农民固农"的战略要求，以造就高素质新型农业经营主体为目标，以服务现代农业产业发展和促进农业从业者职业化为导向，着力培养一大批有文化、懂技术、会经营的新型职业农民，为农业现代化提供强有力的人才保障和智力支撑，中国农业出版社组织了一批一线专家、教授和科技工作者编写了"新型职业农民示范培训教材"丛书，作为广大新型职业农民的示范培训教材，为农民朋友提供科学、先进、实用、简易的致富新技术。

本系列教材共有 29 个分册，分两个体系，即现代农业技术体系和社会主义新农村建设体系。在编写中充分体现现代教育培训"五个对接"的理念，主要采用"单元归类、项目引领、任务驱动"的结构模式，设定"学习目标、知识准备、任务实施、能力转化"等环节，由浅入深，循序渐进，直观易懂，科学实用，可操作性强。

我们相信，本系列培训教材的出版发行，能为新型职业农民培养及现代农业技术的推广与应用积累一些可供借鉴的经验。

因编写时间仓促，不足或错漏在所难免，恳请读者批评指正，以资修订，我们将不胜感激。

2017-06-20

目　　录

单元一
认识农产品营销

什么是农产品营销？营销就是推销吗？当前农产品滞销的主要原因是什么？农产品生产经营者应树立怎样的经营理念，以改变农产品卖难的局面？这些问题在本单元都可以找到答案。

项目一　正确理解农产品营销

 学习目标

● 知识目标

1. 理解农产品营销的内涵。
2. 理解农产品营销的相关概念。

● 能力目标

能正确区分营销活动与推销活动的区别，区分无公害、绿色、有机农产品的差异，以便更好地指导实践。

● 素质目标

培养基本的市场营销意识。

 案例导入

老妇人和教授的苹果销售法

在一个寒冷的冬天，某高校门前一个老妇人推着一车苹果，像以前一样大声叫卖着:"又大又红的苹果,便宜啦,2元1斤*啦。"可是今天的生意却不像以前那样好。天色慢慢黑了下来,街上人流不断,却没有几个人光顾她的摊位。一位大学教授已经看了她很久,走过来对老妇人说:"您今天卖得不好,您知道今天是什么日子吗?"老妇人回答道:"我管它什么日子呢!我天天在这卖,只是想把苹果卖出去。"教授说:"让我来帮您想个办法吧。"教授走到旁边的超市,买了一卷红绸带,回到苹果摊旁,把两个苹果用红绸带绑在一起并打了一个非常漂亮的蝴蝶结。然后叫道:情人节最佳的礼物,永结同心,一对只需5元钱。很快就有人围了过来,一对对情侣把一车苹果抢购一空。

◆思考 "营销=推销"吗?请说说你对营销的理解。

■ 知识储备

一、农产品营销的内涵

1. 农产品营销的涵义

简单地说,营销就是寻找需求、创造需求并满足需求,同时使自身获得利益的过程。

具体来说,农产品营销是指农产品生产经营者在不断变化的市场环境中,为实现自己的经营目标,通过交换满足消费者需要的综合性商务活动过程。

营销的范围既包括流通领域的活动,还包括生产经营开始前的活动和流通结束后的售后活动(图1-1)。

2. 营销和推销的区别

营销和推销的区别见表1-1。

管理大师彼得·德鲁克说过:"可以设想,某些推销工作总是需要的。然而,营销的目的就是要使推销成为多余。"

营销的目的在于深刻地认识和了解顾客,从而使产品或服务完全适合顾客的需要而形成产品自我销售。推销只是营销活动的一个组成部分,而且常常不是最重要的部分。

---

* 斤为非法定计量单位,1斤=0.5千克。——编者注

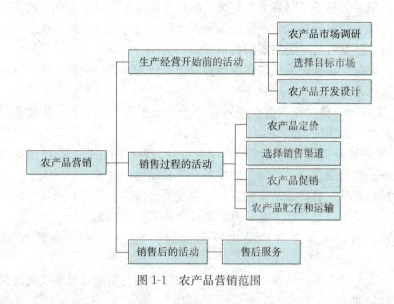

图 1-1 农产品营销范围

表 1-1 营销和推销的区别

区 别	营 销	推 销
重心不同	考虑的中心工作是满足消费者的需要	考虑的中心工作是推销现有的产品，较少考虑消费者是否需要这些产品
出发点不同	市场消费者	生产经营者自身
方法不同	采用最佳的营销组合活动，即产品、定价、分销、促销等要素的有机结合	主要是加强推销活动，如进行倾力推销、强行推销等
目标不同	通过满足消费者需要营利，考虑的是长期整体利益	通过扩大销售获利，重视眼前利益

二、农产品营销的相关概念

农产品是指种植业、畜牧业、林业、水产业生产的各种植物、动物的初级产品及初级加工品。

● **初级农产品** 初级农产品是指来源于农业的未经过加工的产品。

● **初级加工农产品** 初级加工农产品是指必须经过某些加工环节才能食用、使用或贮存的加工品，如消毒奶、分割肉、冷冻肉、食用油等。

1. 农产品的分类

按传统和习惯一般把农产品分为粮油、果蔬及花卉、林产品、畜禽产品、水产品和其他农副产品六大类。

（1）粮油。粮油是对谷类、豆类、油料及其初加工品的统称。粮油产品是关系国计民生的农产品，它不仅是人体营养和能量的主要来源，也是轻工业的主要原料，还是畜牧业的主要饲料。

（2）果蔬及花卉。果品按商业经营习惯可分为鲜果、干果、瓜类以及它们的加工品四大类。

● **蔬菜的分类**　蔬菜按食用器官可分为根菜类、茎菜类、叶菜类、果菜类、花菜类、食用菌类。

● **花卉的分类**　花卉根据经济用途可分为观赏用花卉、香料用花卉、熏茶用花卉、医药用花卉、环境保护用花卉、食品用花卉等。

（3）林产品。林产品是指把森林资源变为经济形态的所有产品。可分为两大类，一类是木材及其加工品，另一类是经济林及森林副产品。

（4）畜禽产品。畜禽产品主要是指肉、蛋、奶、脂、禽及其初加工品等。

（5）水产品。水产品是指水生的具有一定食用价值的动植物及其腌制、干制的各种初加工品。

（6）其他农副产品。其他农副产品主要是指畜禽副产品、烟叶、茶叶、蜂产品、棉花、麻、蚕茧、生漆、干菜和调味品、中药材、野生植物原料等产品。

2. 农产品的相关概念

（1）无公害农产品。无公害农产品是指产地环境、生产过程符合国家有关标准和规范的要求，有毒有害物质残留量控制在安全质量允许范围内，经有关部门认定，允许使用无公害农产品标志的未经加工或者初加工的食用农产品（图1-2）。

（2）绿色农产品。绿色农产品是指遵循可持续发展原则，按照特定生产方式生产，经国家专门机构认定，准许使用绿色食品标志的无污染、安全、优质、营养类食品（图1-3）。

图1-2　无公害农产品标志

我国的绿色食品分为A级和AA级两种。其中A级绿色食品生产中允许限量使用化学合成生产资料，AA级绿色食品则较为严格地要求在生产过程中不使用化学合成的肥料、农药、兽药、饲料添加剂、食品添加剂和其他有害于环境和健康的物质。按照农业部发布的行业标准，AA级绿色食品等同于有机食品。

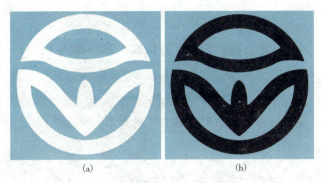

图 1-3　绿色食品标志
（a）A 级绿色食品标志　　（b）AA 级绿色食品标志

小贴士

绿色食品必须具备的条件

（1）产品或产品原料的产地必须符合农业部制定的绿色食品生态环境标准。

（2）农作物种植、畜禽饲养、水产养殖及食品加工必须符合农业部制定的绿色食品生产操作规程。

（3）产品必须符合农业部制定的绿色食品质量和卫生标准。

（4）产品外包装必须符合国家食品标签通用标准，符合绿色食品特定的包装、装潢和标签规定。

（3）有机农产品。有机农产品是指按照有机农业生产标准，在生产过程中不使用有机化学合成的肥料、农药、生长调节剂和畜禽饲料添加剂等物质，不采用基因工程技术获得的生物及其产物，而是遵循自然规律和生态学原理进行生产的一类真正源于自然、富营养、高品质的环保型安全食品，也称为"生态食品"（图1-4）。

图 1-4　有机食品标志

有机农业在可行范围内尽量依靠作物轮作、秸秆、牲畜粪肥、豆科作物、绿肥、场外有机废料、含有矿物养分的矿石补偿养分，利用生物和人工技术防治病虫草害。

资料室

无公害、绿色、有机农产品的异同

无公害、绿色、有机农产品的共同特点是均属于认证农产品，都属于安全农产品范畴。但他们是根据不同标准生产出来的三个不同档次的农产品，在安全等级、技术要求、认证形式等方面各有不同（图1-5）。

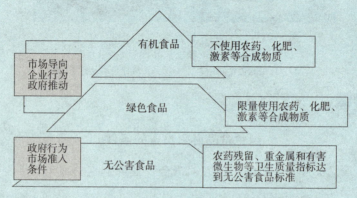

图1-5　无公害、绿色、有机农产品的异同

1. 安全等级　无公害农产品杜绝了高毒高残留农药的使用，安全等级属于最低等级；绿色食品除杜绝高毒高残留农药的使用外，按照绿色食品的要求限品种、限量、限时间使用化学合成品，安全等级也较高；有机食品杜绝使用化学合成品，安全等级最高。

2. 技术制度　无公害农产品推行"标准化生产、投入品监管、关键点控制、安全性保障"的技术制度；绿色农产品按照"从土地到餐桌"全程质量控制的技术路线，建立了"两端监测，过程控制、质量认证、标志管理"；有机农产品在生产加工过程中禁止使用农药、化肥、激素等人工合成物质，并且不允许使用基因工程技术。

3. 营养含量　无公害农产品是大众化食品，其营养一般高于普通的农产品；绿色农产品营养含量高于无公害农产品；有机农产品是最高标准的食品，营养含量高于其他农产品。

4. 目标市场定位　无公害农产品是公共安全品牌，保障基本安全，满足大众消费；绿色农产品是农业精品品牌，质量安全达到发达国家水平，满足国内大中城市和国际市场中高端消费者的需求；有机农产品满足高端消费者和特定消费需要，主要服务于出口贸易。

5. 认证方式　无公害农产品认证采取产地认定与产品认证相结合的方式，产地认定主要解决产地环境和生产过程中的质量安全控制问题，是产品认证的前提和基础，产品认证主要解决产品安全和市场准入问题；绿色农产品推行质量认证与商标管理相结合的认证管理模式；有机农产品注重生产过程监控，一般不做环境监测和产品检测。

总体上讲，无公害农产品突出安全因素控制，绿色食品既突出安全因素控制，又强调产品优质与营养，有机食品注重对影响生态环境因素的控制。无公害农产品是绿色食品发展的基础，有机食品是在绿色食品基础上的进一步提高。三者相互衔接，互为补充，各有侧重，共同发展。

（4）名优农产品。名优农产品是指由生产者志愿申请，经有关地方部门初审，经权威机构根据相关规定程序，认定生产的生产规模大、经济效益显著、质量好、市场占有率高，已成为当地农村经济主导产业，有品牌、有明确标识的农产品。

（5）转基因农产品。转基因农产品是指利用基因转移技术，即利用分子生物学的手段将某些生物的基因转移到另一些生物的基因上，进而培育出人们所需要的农产品。

转基因技术应用于农业生产，可以改造植物和动物的遗传物质，使其性状、营养品质、消费品质等方面向着人类所需要的目标转变；可以降低生产成本，增加生物的抗病虫害能力；可以提高单位面积产量；使生物的品种更加丰富。但是，人们对转基因农产品是否会影响人类的生存安全争议较大。

■ 案例分析

◆ 阅读案例

老太太买李子

一条街上有三个水果店。

一天，有位老太太来到第一家水果店里，问："有李子卖吗？"店主非常热情，边打招呼边自夸："老太太，买李子啊？您看我这李子又大又甜，刚进的货，新鲜得很呢！"没想到老太太一听，竟扭头走了。店主非常纳闷，奇怪，自己什么地方得罪老太太啦？

老太太接着来到第二家水果店，同样问："有李子卖吗？"第二位店主马上迎上前说："我这里李子齐全，有酸的甜的、大的小的、国内的国外的，请问您想买哪一种？""我想买一斤酸李子。"于是老太太买了一斤酸李子回去了。

第二天，老太太来到第三家水果店，同样问："有李子卖吗？"第三位店主像第二位店主一样，问了老太太需要什么样的李子，喜欢什么口味。当老太太告诉他需要酸李子时，第三位店主在给老太太秤酸李子时，继续问道："在我这买李子的人一般都喜欢甜的，可您为什么要买酸的呢？"

"最近我儿媳妇怀上孩子啦，特别喜欢吃酸李子。"

"哎呀！那要特别恭喜您老人家快要抱孙子了！有您这样会照顾的婆婆可真是您儿媳妇的福气啊！"

"哪里哪里，怀孕期间当然最要紧的是吃好，胃口好，营养好啊！"

"是啊，怀孕期间的营养是非常关键的，不仅要多补充些高蛋白的食物，听说多吃些维生素丰富的水果，生下的宝宝会更聪明些！"

"是啊！哪种水果含的维生素更丰富些呢？"

"很多书上说猕猴桃含维生素最丰富！"

"那你这有猕猴桃卖吗？"

"有啊，您看我这儿进口的猕猴桃个大，汁多，含维生素多，您要不先买一斤回去给您儿媳妇尝尝！"

"好，那我就再来一斤猕猴桃。"

"您人真好，谁摊上您这么个婆婆真是福气。我每天在这摆摊儿，水果都是当天从市场上批发来的，非常新鲜。您儿媳妇要是吃好了，您再来，我给您优惠。"

这样，老太太不仅买了一斤李子，还买了一斤进口的猕猴桃，而且以后几乎每隔一两天就要来这家店里买水果了。

◆ 分析讨论

三个水果店的销售方式有什么不同？这个案例给了我们什么启示？

◆ 提示

第一个店主没有搞清楚老太太的需求，便试图向老太太推销。

第二个店主了解并满足了老太太的需求，但是并没有进一步挖掘新的需求。

第三个店主不但了解并满足了老太太的需求，还成功地挖掘创造了新的需求，并赢得了进一步销售的机会。

■ 实 训 活 动

自我介绍演讲

◆ **实训目的**

1. 锻炼上台发言的胆量和口头表达能力，这是从事市场营销必不可少的。

2. 培养营销职业意识。

◆ **实训步骤**

1. 精心写好一份自我介绍稿，主要包括姓名、家乡、个人兴趣爱好、专长、家庭情况、是否做过销售、对学习营销课的认识和学习期望等。

2. 熟悉介绍稿的内容。

3. 依次上台演讲，注意音量、站姿、语言表达、肢体动作等。

4. 教师点评。

◆ **实训地点与学时分配**

1. 地点：教室。

2. 学时：课余时间（约 1 天）、课堂（2 学时）。

■ 能 力 转 化

◆ **填空题**

1. 农产品按传统和习惯一般分为 _____、_____、_____、_____、_____、_____六大类。

2. 营销活动的范围包括_____、_____、_____三大领域。

3. 营销的出发点是_____，营销的核心是_____。

◆ **判断题**

1. 绿色农产品优于无公害农产品和有机农产品。（   ）

2. 营销就是推销或广告宣传，把产品卖掉，变成现金。（   ）

3. 消费者需求是营销的出发点和归宿点。（   ）

◆ **思考题**

1. 无公害、绿色、有机农产品有什么差异？

2. 营销与推销的主要区别是什么？

项目二　树立现代营销观念

学习目标

- **知识目标**

1. 理解传统营销观念与现代营销观念的不同点。

2. 掌握现代营销观念的核心思想。

- **能力目标**

能灵活运用营销的基本观念分析、评价营销中的现实问题。

- **素质目标**

培养学生树立正确的农产品营销观念。

案例导入

新版瓜皮荔卖得俏

　　南宁市邕宁区百济乡盛产荔枝，2011 年是荔枝丰收年，可当地的种植户却面临增产不增收的尴尬局面。原来，随着荔枝品种的不断发展，人们的口味越来越挑剔，而百济乡却十多年如一日地种植黑叶荔，以致市场冷落。但并非所有的荔枝种植户都发愁，南阳坡的村民罗启海脸上就带着微笑，他很庆幸自己在两年前主动更新了荔枝品种。

　　罗启海说，他种荔枝有近 20 年了，一开始也是种黑叶荔。可七八年前，黑叶荔越来越卖不起价钱，当时他到广西一些荔枝种植地游览，发现大部分种的都是黑叶荔后，便觉得不能再种黑叶荔了。

　　罗启海首先去出名的荔枝之乡——灵山找新品种，发现当地已经通过嫁接技术种植了一些新品种。可当时灵山更换荔枝品种的农户也是少数，都舍不得将新品种的荔枝枝条分给他。

　　无奈之下，罗启海找到百济乡的农业服务中心。从技术人员展示的图片上，他认识了瓜皮荔，发现这一品种比黑叶荔好，便下定决心，剪掉自家 10 亩*地的黑叶荔，嫁接新品种的枝条。当地的农业部门也很支持，为他提供了枝条、化肥等物料，并免费对他进行技术指导。

---

* 亩为非法定计量单位，1 亩≈667 米²。——编者注

　　10亩地的黑叶荔，两年的产量至少也有八九吨，在等待新品种挂果的这两年多时间里，罗启海等于白白损失了几万元。但到2011年，当那些死守着黑叶荔不肯换品种的村民面临销售不畅的困局时，罗启海的瓜皮荔终于给了他回报——每千克达5～6元的收购价，足足比黑叶荔翻了两三番。

　　罗启海庆幸当初做了正确的选择，更坚定了跟着市场搞种植的信心。他又通过农业服务中心引进了新品种——无核荔，这种荔枝在2010年的地头销售价达到了每千克20多元。他打算将他另外10亩的黑叶荔全部嫁接上无核荔。

　　看着罗启海换品种赚了钱，南阳坡更多的村民这才如梦初醒，他们纷纷通过当地的农业部门学习嫁接技术，更换荔枝新品种。

　　（资料来源：广西新闻网，南国早报，2011年7月11日）

◆思考　同样种荔枝，为什么有人欢喜有人愁？

■■ 知识储备

一、营销观念的演变

　　营销观念是指生产经营者进行市场营销活动的基本指导思想。生产经营者的营销观念恰当与否，取决于营销观念是否与当时的营销环境相适应。营销观念与营销环境、营销行为的关系见图1-6。

图1-6　营销观念与营销环境、营销行为的关系

　　随着市场环境的变化，营销观念经历了数次演变，如图1-7所示。

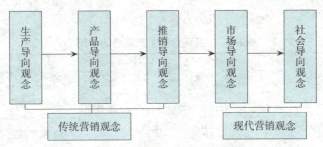

图1-7　营销观念的演变过程

1. 生产导向观念

（1）背景条件。卖方市场，产品供不应求，消费者购买力低。

（2）核心思想。自己会做什么，就生产什么，以生产为中心。

（3）经营重点。致力于提高生产效率，增加产量、降低成本，生产出让消费者买得到的和买得起的产品。强调"以量取胜"。

生产导向观念在我国工业化初期、新中国成立以后至改革开放初期盛行（短缺经济年代），如我国五六十年代的凭票供应及如今垄断行业的生产经营。

■ 拓展阅读

> ### 20 世纪 20 年代福特的"黑色 T 型车"
>
> 美国福特汽车公司的创办人曾经说过："不管顾客需要什么颜色的汽车，我的车只有黑色的。"因为在当时福特汽车供不应求，清一色的黑色汽车照样卖得出去，畅销无阻，根本无须考虑消费者的需求特点和推销方法。其主要目标就是发展生产，这是一种典型的生产观念。

2. 产品导向观念

（1）背景条件。卖方市场，产品供应有所增加，部分消费者的购买力提高。

（2）核心思想。自己会做什么，就努力做好什么，以产品质量为中心。

（3）经营重点。致力于生产优质产品，并不断精益求精，强调"以质取胜"。

◆ 讨论 "酒香不怕巷子深"在竞争激烈的市场条件下还适用吗？

产品观念认为，只要产品质量好，有特色，自然就会顾客盈门。"酒香不怕巷子深"就是产品观念的生动写照。

产品观念和生产观念的异同见表 1-2。

表 1-2　产品观念和生产观念的异同

观　　念	相同点	不同点
生产观念	对顾客的需求视而不见，不重视销售工作，"以产定销"	侧重生产，以量取胜
产品观念		侧重品质，以质取胜

拓展阅读

王麻子剪刀　老字号申请破产

在中国刀剪行业中，王麻子剪刀厂声名远播，是著名的中华老字号。从 1651 年（清）顺治八年成立至 20 世纪 80 年代，数百年来，王麻子刀剪产品以刃口锋利、经久耐用而享誉民间。它强调生产优质产品以赢得顾客。但从 1995 年开始，王麻子好日子一去不返，陷入连年亏损地步，甚至落魄到借钱发工资的境地。其原因是王麻子剪刀厂一直延续传统的铁夹钢工艺，迷恋于生产耐磨好用的传统式样的产品，而没有注意到刀剪市场的需求变化。这是一种典型的产品观念。

---

3. 推销导向观念

（1）背景条件。卖方市场向买方市场过渡，部分产品供过于求，出现产品积压、销售困难。

（2）核心思想。自己会做什么，就努力去推销什么，以推销为中心。

（3）经营重点。致力于产品的推销与促销活动，去说服和诱导消费者购买产品，以扩大产品销售。

与生产观念、产品观念相比，推销观念注重了产品的推销，是经营指导思想的一大进步。但是它只注重既定产品的推销，至于产品是否符合顾客的需要，是否能让顾客满意，顾客是否会重复购买等问题，并不关心。它仍是"以自己为出发点"，属于"以产定销"。三者本质上是相同的。

> ◆ **讨论**　在推销观念下，产品的积压、滞销现象能从根本上解决吗？为什么？如何做才能彻底解决产品滞销问题呢？

推销导向观念的典型语言："货物出门，概不负责。"

4. 市场导向观念

市场营销观念认为，在进行生产之前，必须首先分析和研究消费者的需要，在满足消费者需要的基础上，自身才能生存和发展。

（1）背景条件。买方市场，供过于求加剧，竞争更加激烈；消费者的购买力增加，消费欲望不断变化。

（2）核心思想。顾客需要什么，就生产和销售什么，以消费者需求为中心，强调"以销定产"。

（3）经营重点。发现和了解目标顾客的需要，并千方百计去满足它，使顾客满意，从而实现自身目标。不再是单纯追求销售量的短期增长，而是着眼于长久地占领市场阵地。

"哪里有消费者的需要，哪里就有我们的机会""一切为了顾客的需要"等口号就是在此观念下提出的。

市场营销观念是经营思想上一次根本性的变革。按照此观念，不是供给决定需求，而是需求引起供给。市场不是终点，而是起点。

5. 社会导向观念

（1）背景条件。能源危机、环境污染等社会问题日益突出，消费者权益保护盛行、环保法律出台。

（2）核心思想。以消费者和整个社会的长远利益为中心，消费者需求、经营者利润、社会整体利益三者要协调统一。

（3）经营重点。致力于资源的节约使用和保护环境，注重消费者的健康。

社会营销观念是对市场营销观念的补充与完善。

拓展阅读

汉堡包快餐行业受到的批评

汉堡包快餐行业提供了美味可口的食品，但却受到了食品专家、环保组织等的批评。原因是它的食品虽然可口却没有营养，不利健康。汉堡包脂肪含量太高，油煎食品和肉馅饼有过多的淀粉和脂肪。且出售时采用方便包装，因而导致了过多的包装废弃物，造成了资源的浪费和环境的污染。

总结以上各营销观念的内容：传统营销观念的共同特点是以生产者为导向，以产定销。现代营销观念的共同特点是以市场（消费者）或社会为导向，以销定产。各营销观念的具体区别见表1-3。

表1-3　各种营销观念对比

营销观念		中 心	出发点	产销关系	方 法	目 标
传统观念	生产导向	生 产	生产经营者	以产定销	提高生产效率	低本量大
	产品导向	品 质	生产经营者	以产定销	提高产品质量	高质优价
	推销导向	推 销	生产经营者	以产定销	强力推销促销	加大销量
现代观念	市场导向	消费者	顾客需求	以销定产	整体市场营销	满足顾客
	社会导向	消费者整个社会	顾客需求社会福利	以销定产	整体市场营销	满足三方

二、现代营销观念的新发展

1. 绿色营销

（1）背景条件。绿色营销观念是在环境污染加剧、资源严重短缺、生态环境恶化、自然灾害频发等威胁人类生存和发展的背景下提出来的新观念。

（2）核心思想。以保护生态环境为宗旨，谋求消费者利益、生产经营者利益与环境利益的协调，既要充分满足消费者的需求，实现自身的利润目标，也要充分注意自然生态平衡。

（3）经营重点。从搜集绿色信息开始，到开发绿色产品、获取绿色标志、制定绿色价格、选择绿色渠道、开展绿色促销、提供绿色服务等，在整个营销过程中都要强调"绿色"特征。

绿色营销观念是以可持续发展为指导，在人与自然关系的和谐共处的前提下，实现消费者利益和生产经营者利益的。它把人与自然关系摆在首位，作为前提条件。绿色营销观念是社会营销观念的进一步深化。

■ 拓展阅读

绿色营销的实施过程

1. 树立绿色营销观念 生产经营者要转变经营思想，走出"先污染、再治理""先治穷、再治污"的认识误区，树立以生态为中心的绿色观念。

2. 搜集绿色信息 调查研究消费者的绿色消费需求、竞争者的绿色产品情况、相关的绿色生产技术等，为绿色营销的具体实施提供行动依据。

3. 开发绿色产品 开发绿色产品，必须从产品的生产、包装、使用、废弃物的处理等方面考虑对环境的影响。

如在产品生产中，尽量少用和不用有毒有害的原材料；采用低能耗、物耗的技术和生产工艺；选用少废、无废的工艺和高效的设备。在产品包装上，也要充分体现绿色产品的特点，选用纸质等可分解的、无毒性的材料来包装，采用组合型、复用型等节料包装物。所生产的产品在使用过程中及使用后均不含危害人体健康和破坏生态环境的因素。产品使用后易回收处理、重复使用。最后要搞好废弃物的回收服务，变废为宝，促进资源的循环使用。

4. 获取绿色标志 （图1-8）

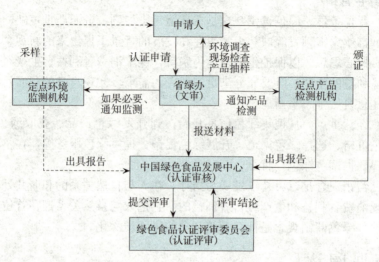

图1-8　绿色食品认证程序

5. 制定绿色价格　绿色产品在成本构成方面与一般产品有所不同，它除了包括生产经营过程中发生的一般成本之外，还包括与保护环境及改善环境有关的成本支出。因而绿色产品的价格与同类产品价格相比应当定得高些。

除了要考虑成本，还必须根据消费者的消费心理、购买能力及竞争强度等因素来确定产品的价格。

6. 选择绿色渠道　生产经营者可采取设立绿色产品专卖店、绿色产品专柜等形式来分销产品，应尽量简化分销环节，以降低分销过程中的浪费，减少资源消耗，防止产品二次污染。在运送绿色产品时，应使用装有控制污染装置和节省燃料的无污染交通工具，以最少的费用将产品清洁、安全地送到目标顾客手中。

7. 开展绿色促销　促销起着诱导需求、创造需求的功能。绿色产品的生产者应担负起绿色信息的传播者、宣传者的责任，在人员推销、广告、公关等促销中体现"绿色"特征。

如通过推销人员直接向消费者宣传绿色产品的意义，回答消费者所关心的环保问题；通过一定的大众媒体广泛宣传绿色产品，宣传绿色产品保护环境、造福人类的内涵，正确引导绿色消费；通过举办绿色产品展销会、洽谈会等形式，扩大绿色产品与消费者的接触面；还可通过绿色赞助活动及慈善活动宣传生产者在保护生态环境方面的实际行动，树立良好的绿色形象，扩大自身的影响面，促进绿色产品的销售。

8. 提供绿色服务

发展立体种养　实现经济生态双赢

天津市宝坻区黄庄洼，这里一年四季不缺水，甘甜的水和肥沃的土壤产出了本市 80% 的稻米。而就在这平静的稻穗下面，却藏着当地农民创造的农业奇迹：通过发展稻鳅、稻蟹、稻鱼等多种立体种养模式，使一亩地的水稻产出了双倍甚至五六倍的经济效益，而且保护了一度曾想弃种的 20 万亩稻田，湿地面积有增无减，生态环境越来越好。

● **立体模式带来高收益**

"发展立体养殖可谓一波三折。最初面对镇政府的宣传，大家心里都没底，村里先是建了几个示范点，后来又为村民免费提供种苗，年底一核算还真赚钱，这才燃起星星之火。稻鱼、稻鳅、稻蟹都试过，数螃蟹最好养、最耐活。"村民洪树德告诉记者。

"立体种养效益怎么样？"面对记者的提问，洪树德掰开手指算了一笔账："以前一亩地年利润也就四五百元，现在平均增产 5% 左右，因为是绿色大米，市场价也高出一大截，加上螃蟹一亩地还能多挣 900 元。现在一亩地收入能增收几倍。"

● **绿色种养实现生态环保**

宝坻区在探索水稻增收渠道的过程中，也使水稻实现了无公害生产，适应了目前市场上绿色农产品的需求。

从黄庄镇农技人员口里得知，稻蟹立体种养是根据生态学种间互补原则，实现以稻养蟹、以蟹养稻、稻蟹共生。在稻蟹立体种养的环境内，蟹能清除田中的杂草，吃掉害虫，排泄物可以肥田，促进水稻生长；而水稻又为河蟹的生长提供丰富的天然饵料和良好的栖息条件，互惠互利，形成良性的生态循环。最终达到充分利用自然资源，增加单位面积产出效益目的。

采用这种生态种养模式，除水稻种植之初的底肥外，整个生长期不再施用化肥，使产品更健康、更安全。同时，值得说明的是由于螃蟹对农药非常敏感，有一点农药，螃蟹就死了，因此稻蟹生态米是在不使用农药的情况下种植和生长的，绝对是天然又有营养的绿色食品。

可以说，稻蟹立体种养模式，提高了农业生产效益，改善了农业生产环境，带动了该区的农业产业结构调整，有力促进了农业生产向优质、高效、低耗方向发展。立体种养，实现了经济效益和生态效益的双赢。

（资料来源：天津日报，2011年11月10日）

◆ 启示　农民朋友要解放思想，勇于创新，大胆打破传统农业生产常规的束缚，形成新的农业生产理念。

2. 服务营销

（1）背景条件。科技进步和社会生产力的显著提高，市场竞争已达到白热化程度；消费者的需求层次不断提高，并向多元化发展。

（2）核心思想。以顾客满意和忠诚为宗旨，通过提高顾客的满意度和培养顾客的忠诚，来促进相互之间有利的交换，最终获取适当的利润和自身长远的发展。

（3）经营重点。不断增加产品的服务含量，为消费者提供优质、全面的个性化服务，以保留与维持现有顾客，使他们继续购买相关产品并向亲友推荐产品。

小 贴 士

"4PS＋3RS" 新的营销组合

"4PS"指产品、价格、渠道、促销这四大因素的组合，这是传统的市场营销组合。在服务营销观念下，产生了新的营销组合理论，即在传统的 "4PS" 基础上，又增加了顾客保留、相关销售和顾客推荐三大要素（即 "3RS"）。

1. 顾客保留　通过关注顾客，向顾客提供足够的承诺，高度重视顾客服务，与顾客建立长期的、互相信任的"双赢"关系，以保留顾客，取得稳定收入。据研究吸引一位新的消费者所花得费用是保留一位老顾客的5倍以上。

2. 相关销售　当生产经营者销售新产品时，由于老顾客对自己的产品已建立了信心，因此广告与推销的费用会大大降低。

3. 顾客推荐　服务营销还特别重视老顾客向他们的亲朋好友推荐自己的产品。通过提高顾客满意度，获取顾客的忠诚。

在新的营销组合中，生产经营者的营销努力更侧重于为消费者提供服务，依靠人际关系传播生产经营者的信息，以减少高额的广告、促销费用的投入。

3. 网络营销

（1）背景条件。网络营销观念是在全球网络技术迅速发展和广泛应用下出现的一种新的营销观念。

（2）核心思想。以互联网为基本手段营造网上经营环境。所谓网上经营环境，是指企业内部和外部与开展网上经营活动相关的环境，包括网站本身、顾客、网络服务商、合作伙伴、供应商、销售商、相关行业的网络环境等，网络营销的开展就是与这些环境建立关系的过程，这些关系处理好了，网络营销也就卓有成效了。

（3）经营重点。网上经营环境的营造主要通过建立一个以营销为主要目的的网站，并以此为基础，通过一些具体策略对网站进行推广，从而建立并扩大与其他网站之间以及与用户之间的关系，其主要目的是提升品牌形象、增进顾客关系、提高顾客服务质量、开拓网上销售渠道并最终扩大销售。

网络营销正在一定范围内、一定程度上取代传统的营销方式，逐步成为营销发展的又一新趋势。

■ 案例分析

◆ 阅读案例

农产品啥样才能卖得好

随着农业高新技术的飞速发展和市场经济日趋活跃，普通的农产品越来越适应不了市场的需求。根据市场的变化不断调整农产品的品种结构，已成为各地提高农业种养效益的重要措施。

那么，当前农产品究竟以什么品种、哪种规格、何种形式进入市场，才能既卖得出，又能卖出好价钱呢？

1. 错开季节　由于消费市场的变化，农产品生产的季节性与市场需求的均衡性矛盾日益突出，由此带来的季节性差价蕴藏着巨大的商机。因此，实施错开季节供给，效益会更加显著。其主要途径有三种：一是实行设施化种养，使农副产品提前或延后上市；二是通过贮藏保鲜，使农副产品延长销售期，变生产旺季销售为生产淡季销售或消费旺季销售；三是开发适应不同季度生产的农副产品新品种，实行多品种错开季节上市。

2. 鲜嫩　近几年，人们的消费习惯正在悄悄地发生变化，粮食当成蔬菜吃，玉米要吃嫩玉米，黄豆要吃青毛豆，猪仔要吃乳猪，出现了崇尚鲜嫩食品的新潮流。因此，农产品开发也必须适应这一潮流变化，适当开发一些适于鲜食的青玉米、嫩花生、青毛豆、乳鸽、仔鸡等鲜嫩农副品种，会更受广大消费者的青睐。

3. 高品质　人们的生活已由温饱过渡到小康的新阶段，人们不再只满足于吃饱，而是更注重吃好，吃出营养和品味来。优质农产品的市场前景十分广阔，因此，要实现农业高效，必须淘汰劣质品种和落后的生产技术，选育、引进和推广优质农产品，实现农产品优质化，才能抢占市场。

4. 多品种　如今，人们对农产品的消费需求也越来越多，越来越高。一种农产品不仅要求有多个品种，而且要有多种规格。因此，根据市场需求，引进、开发和推广一些名、优、稀、特新品种，以新品种来引导新需求，开拓新市场。如西瓜要生产大、中、小三种类型来适应和满足宾馆、家庭及旅游者等多层次、多方位的消费需求。

5. 求新、求异　近年来，人们对蔬菜、水果等农产品不仅要求其鲜活度高、营养丰富、美味可口，还要求具备一定的观赏功能，以满足消费者日益增长的求新、求异的猎奇和审美心理。为适应人们对农产品的这一需求，一些奇形、异色农产品相继问世，如香蕉型的小番茄、齿轮似的飞碟南瓜、黑色花生、黑色玉米、红色玉米等农产品一上市就引起消费者的极大兴趣，蕴含广阔的市场前景。

（资料来源：艾文《中国特产报》）

◆ **分析讨论**

1. 目前消费者对农产品有哪些新的消费需求？
2. 结合当地农业实际谈谈如何满足消费者的新需求？

■ 实训活动

农产品营销状况分析

◆ **实训目的**

1. 了解本地区主要农产品营销的现状，运用营销的基本观念分析、评价营销中的现实问题。
2. 学会上网查询需要的信息资料。
3. 培养团队合作精神，树立正确的营销理念。

◆ **实训步骤**

1. 3～5 人一组，以小组为单位开展活动。
2. 在老师的指导下上网查找相关资料。
3. 实地调查农户，了解其农产品营销情况。

4. 小组讨论，整理资料。

本地区主要农产品	营销现状	营销中存在的问题	改进建议
本地农产品营销发展趋势：			

5. 提交实训报告，班级交流。

◆ **实训地点与学时分配**

1. 地点：营销实训室、附近农户。
2. 学时：课余时间（2～3天）、课堂（2学时）。

能 力 转 化

◆ **选择题**

1. 买方市场是指（　　）的市场态势。
   A. 供不应求　　　　　　B. 供大于求
   C. 供求平衡　　　　　　D. 产品不足
2. 产品观念是（　　）的营销观念。
   A. 生产导向　　　　　　B. 市场导向
   C. 社会导向　　　　　　D. 科技导向
3. 把消费者利益、社会利益和企业利益结合起来的营销观念是（　　　）。
   A. 市场营销观念　　　B. 绿色营销观念
   C. 社会营销观念　　　D. 关系营销观念
4. 市场营销观念要求营销活动以（　　）为中心。
   A. 生产　　　　　　　　B. 创新产品
   C. 消费者　　　　　　　D. 促销宣传
5. 下列哪些观念属于现代营销观念（　　）。
   A. 产品观念　　　　　　B. 市场营销观念
   C. 社会营销观念　　　D. 绿色营销观念
6. 生产你能够出售的产品，而不是出售你能够生产的产品，这句话反映了（　　）营销观念。

    A. 产品观念　　　　B. 市场营销观念

    C. 生产观念　　　　D. 推销观念

◆ **判断题**

1. 生产观念注重的是生产，推销观念注重的是推销，因而两者的经营指导思想在本质上是不同的。（　　）

2. 推销观念的形成是营销观念的一次质的飞跃。（　　）

3. 市场营销观念是从消费者需求满足中获利。（　　）

4. 传统营销观念与现代营销观念的本质区别之一就是市场由原来的终点变成从事经营活动的起点。（　　）

5. 产品观念、推销观念都属于以产定销的范畴。（　　）

6. 只要农产品质量好、技术新，自然会顾客盈门。（　　）

◆ **思考题**

1. "庄稼活不用怕，人家干啥咱干啥"，这体现了怎样的经营观念？

2. 在环境污染日益严重与消费者日益注重健康的情况下，农产品生产经营者应树立怎样的营销观念？

3. 长期以来农产品难卖成为困惑农民的核心问题，请用营销的观念分析出现这种问题的主要原因，并提出解决的办法。

单元二

农产品营销环境分析

任何一个营销主体都是在一定的外界环境条件下开展市场营销活动的，农产品营销的微观和宏观环境中，又有哪些具体的因素会影响营销活动呢？

通过分析市场营销环境，可以把握市场环境变化的发展趋势，可以使企业更好地满足消费和指导消费，可以提高企业竞争的能力和规避风险的能力。那么分析营销环境的方法是什么？

项目一　农产品营销宏观环境分析

 学习目标

● 知识目标
掌握农产品营销宏观环境的构成要素。
● 能力目标
能够对某个农产品营销主体具体的营销宏观环境进行分析。
● 素质目标
形成对农产品营销环境的基本认识，树立重视市场信息的意识。

■ 案例导入

陕西洛川苹果为啥不愁卖

陕西省洛川县是闻名世界的苹果之乡，洛川县牢牢抓住苹果这一优势产业，大力推进现代果业建设，基本搭建起了以国家级洛川苹果批发市场为中心，覆盖全县，连接全省、全国部分产区和市场，服务领域广泛，系统化的苹果信息网络体系。

建立洛川"三级"信息采集发布系统，全面提高了果农获取信息的能力。洛川苹果信息中心拥有设备独立、硬件先进、软件自主开发的信息网络机房、信息发布大厅、生产监控大厅和办公场所。

建立全国苹果生产基地县信息采集点，提高市场调控能力。信息平台为每个基地县开发了基地专页，为销售市场在产品上市前提供全国苹果产量的生产信息，包括生产状况、分布区域、产量质量、产地价格、产地贮藏、营销队伍等。通过网络使销售市场全面了解生产基地，建立"反应及时、调控有力、运转高效"的苹果市场调控体系，提高市场调控能力。

建立全国苹果批发市场信息采集点，提高产销信息互通能力。在洛川苹果主销城市建立信息采集点，同时与中国果品流通协会和湖南省农业信息中心等实现信息互通，有效解决小生产与大市场、产地与市场脱节、信息拥有者与信息使用者不对称的矛盾，提高产销信息互通能力。

按照"构筑信息共享平台、搭建产销信息桥梁"的思路，及时提供市场信息，研究分析市场，召开会商会、培训会，引导果农适价销售，适量贮藏反季节销售，组织部分果农进入市场直销，提高果农的销售能力。

（资料来源：品牌塑造网）

◆思考　洛川苹果为什么不愁卖？

■ 知识储备

农产品营销宏观环境是指那些给农产品营销造成市场机会和环境威胁的主要社会力量，是与企业市场营销联系较为间接的企业外部因素的总和，对整个市场具有全局性影响的因素，是不可控的变量。宏观环境因素主要内容见图2-1。

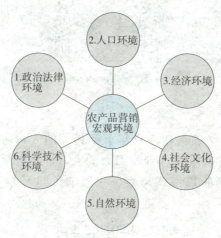

图 2-1　农产品营销宏观环境

一、政治法律环境

政治法律环境的内容见表 2-1。

表 2-1　政治法律环境

	内　容	典型法律
与农产品市场营销有关的经济立法	我国和有关国家的法律和法规	《中华人民共和国环境保护法》《中华人民共和国公司法》《中华人民共和国农村土地承包法》《中华人民共和国反不正当竞争法》等；每年发布的中央 1 号文件及地方政府各类涉农政策法规
与群众利益团体有关的经济立法	保护消费者利益的群众团体、保护环境的群众利益团体。这些群众团体给营销主体施加压力，使消费者利益和社会利益等得到保护	《中华人民共和国消费者权益保护法》《中华人民共和国农产品质量安全法》

资 料 室

中华人民共和国消费者权益保护法

《中华人民共和国消费者权益保护法》是为保护消费者的合法权益、维护社会经济秩序、促进社会主义市场经济健康发展制定的一部法律。该法调整的对象是为生活消费需要购买、使用商品或者接受服务的消费者和为消费者提供其生产、销售的商品或者提供服务的经营者之间的权利义务。1993 年

10 月 31 日颁布、1994 年 1 月 1 日起施行。2013 年 10 月 25 日，十二届全国人大常委会第五次会议表决通过了新的《消费者权益保护法》，2014 年 3 月 15 日正式实施。

二、人口环境

农产品营销主体必须密切注意与市场相关的人口环境方面的动向，因为市场是由那些想买东西并且有购买力的人（即潜在购买者）构成的，而且这种人越多，市场的规模就越大。我国的人口环境方面的主要动向见表 2-2。

表 2-2　人口环境主要动向

	动　　向	影　　响
人口迅速增长	随着科学技术的进步和人民生活条件的改善，世界人口和我国人口将在未来很长一段时间内持续增长	农产品需求量将会持续增加，并同时对农产品的供求格局产生长远影响
人口出生率下降	人口出生率下降，儿童在逐年减少，儿童食品等行业是一种环境威胁。不过，这种人口动向对某些农业行业是有利的	许多年轻夫妇有更多的闲暇时间和收入用于外出用餐和旅游娱乐，促进了农业观光旅游、餐饮等相关第三产业的发展
人口趋于老龄化	人口平均寿命延长，我国及各国老龄人口迅速增加，未来很多国家都会进入老龄化社会，这种变化的影响是深远的	老年人医疗和保健食品的市场需求会迅速增加，给经营相关老年人保健农产品和食品的行业提供了市场机会
家庭规模的变化	近几十年来，家庭规模日趋小型化	对于农产品的包装、分销和促销等有了新的要求。随着生活水平的提高，肉蛋奶等农产品的基本消费单位也有了很大的变化

三、经济环境

市场是由那些想购买物品并且有购买力的人构成的，社会购买力又直接或间接受消费者收入、价格水平、储蓄、信贷等经济因素的影响。所以，农产品营销主体还必须密切注意经济环境方面的动向。进行经济环境分析时，要着重分析以下主要经济因素：

1. 消费者收入

消费者的购买力主要取决于消费者的收入，所以消费者收入是影响社会购买力、市场规模大小以及消费者支出多少和支出模式的一个重要因素。消费者并不是将其全部收入都用来购买商品和劳务，消费者购买力只是其收入的一部分。因此要区别可支配的个人收入和可随意支配的个人收入。

（1）可支配的个人收入。指扣除消费者个人缴纳的各种税款和交给政府非商业性开支后可用于个人消费和储蓄的那部分个人收入，是影响消费者购买力和消费者支出的决定性因素。

（2）可随意支配的个人收入。指可支配的个人收入减去消费者用于购买生活必需品的固定支出所剩下的那部分个人收入，是影响商品销售最重要的因素，在市场营销活动中应特别重视。

2. 消费者支出和消费结构

随着消费者收入的变化，消费者支出模式和消费结构也会发生相应的变化，一般用恩格尔系数来反映这种变化。

$$恩格尔系数＝食物支出总额/家庭消费支出总额×100\%$$

资料室

恩 格 尔 系 数

恩格尔系数越大，生活水平越低；恩格尔系数越小，生活水平越高。恩格尔系数是联合国粮农组织提出的判定生活发展阶段的一般标准，其值达60%以上为贫困，50%～60%为温饱，40%～50%为小康，40%以下为富裕。

3. 消费者储蓄和信贷

（1）储蓄。储蓄越多，现实消费越少，潜在的消费量越大；储蓄越少，现实消费越多，潜在的消费量越小。营销者应了解消费者的储蓄情况以及储蓄动机与目的，有针对性地制定不同的营销策略。

（2）信贷。消费者的信贷就是消费者凭信用先取得商品使用权，然后按期归还贷款，以购买商品。营销者在市场营销活动中必须考虑目标市场消费者的信贷水平和规模。

4. 经济发展阶段

不同的经济发展阶段，居民的收入、顾客对产品的需求都不同，从而会在一定程度上影响营销主体的营销活动。如经济发展水平较高的地区，消费者更愿意花较高的价钱购买一些品质好的农产品，会更注重绿色和有机等品质农产品的消费。而经济发展水平较低的地区，价格因素比农产品品质更为重要。

四、社会文化环境

社会文化环境是指一个国家、地区或民族的传统文化，文化是影响人们欲望和行为（包括顾客的欲望和购买行为）的一个很重要的因素，营销主体必须调查研究这种文化动向。社会文化环境通常由以下内容构成：

1. 宗教信仰

农产品营销主体在从事营销活动时，要尊重目标市场上宗教信徒的生活习惯，和外商洽谈生意时必须了解和考虑不同国家和地区的文化差异，如印度教对牛肉的禁忌、伊斯兰教对羊肉的热衷等。

2. 消费习俗

不同的生活经验和环境、不同的信念、价值观念、风俗习惯、兴趣等，形成了人们不同的消费方式和习惯。农产品营销主体必须了解目标市场消费者的禁忌、习惯以及偏好等。

3. 消费价值观和理念

消费价值观和理念是人们对于消费的总体看法以及根本观点，决定着消费者最终的消费内容、行为和方式。在当今国际和国内的总体形势下，绿色消费已成为一种流行的消费理念。绿色消费强调与环境的协调、提倡健康绿色、保护生态等核心的消费价值观。

五、自然环境

自然环境是指影响农产品营销的自然资源、气候、地理位置、交通条件、环境污染等。自然环境的发展变化对于农产品相关企业来说影响巨大，会给企业带来一些市场机会或者环境威胁。

1. 某些自然资源短缺或即将短缺

城市及人类活动的扩张，使农产品生产最重要的水资源被污染，全国范围内水资源分布不均，造成一些农业生产区域水资源短缺。农业生产的动力资源如石油等日渐枯竭，森林覆盖面积低，耕地日渐减少。农民种粮积极性降低，转向种植收益较高的其他农作物，我国的粮食和其他食物供应可能会出现严重问题。

2. 公众对环境污染问题越来越关心

环境污染程度日益增加，公众对这个问题越来越关心，使那些造成环境污染的行业和企业在舆论压力和政府干预下，不得不采取措施控制污染；另一方面，也给研究和开发不致污染环境的行业和企业造成了新的市场机会。

3. 政府干预日益加强

政府为了社会利益和长远利益对自然资源加强干预，往往与企业的经营战略和经营效益相矛盾。农产品营销企业的最高管理层要统筹兼顾来解决这种矛盾，力争做到既能减少环境污染，又能保证企业发展，提高经营效益。

　　随着整个社会环保意识的日益增强，可持续发展理念被很多企业和团体所采纳，使绿色产业、绿色消费、绿色市场营销蓬勃发展。对农产品营销影响体现在：选择生产技术、生产原料、制造程序时，应符合环保标准；产品设计和包装设计时，应尽量减少产品包装或产品使用的剩余物；分销和促销过程中，应积极引导消费者在产品消费使用、废弃物处置等方面尽量减少环境污染；产品售前、售中、售后服务中，应注意节省资源、减少污染。

■ 拓展阅读

过度包装：中国式消费何时休

　　在茶叶专柜，包装精美的铁观音、大红袍等茶叶，内含茶叶不足500克，而包装却是木盒、皮盒、塑料盒、纸盒层层相套，售价高达数千元。这些茶叶的销量好，包装精美、送礼体面是主要原因之一。超出正常的包装功能需求，包装空隙率、层数等超过必要程度的就是过度包装。一些商品包装物难以回收利用，既浪费了资源，加重消费者负担，又污染环境。包装盒越豪华，材料往往越难回收。

　　据统计，中国已经成为世界上豪华包装情况最严重的国家之一，包装废弃物体积占固体废弃物一半，每年废弃价值达4 000亿元。如此重"椟"轻"珠"，原因何在？一是简易包装的附加值不如过度包装，生产厂家出于利益考虑，为博消费者眼球，不断推出奢华包装，导致产品难以"瘦身"。二是消费者好面子的思想严重，送礼追求精美包装和高价格商品，也助推了过度包装现象的出现。此外，政策、标准的不完善也是过度包装现象不能彻底禁止的原因之一。在《限制商品过度包装要求——食品和化妆品》强制性国家标准中规定：包装层数应在3层以下，空隙率不大于60%，包装成本不超过销售价的20%。但由于现在的厂商在设计制造产品时，并未在包装盒外明确标注内含物品的大小、包装材质，由谁来执行标准、如何执行，仍存疑问。

　　治理过度包装，还应将源头治理和末端治理相结合，既要限制过度，又要做好回收利用，这需要一个长期的过程。同时，企业在面对市场竞争时，应花大功夫在质量上，而非单纯追求标新立异。

　　（资料来源：张辛欣，中国青年报，2011年8月29日）

六、科学技术环境

营销主体还要密切注意科学技术环境的发展变化。现代科学技术是社会生产力中最活跃和决定性的因素，它作为重要的营销环境因素，不仅直接影响企业内部的生产和经营，而且还同时与其他环境因素互相依赖、相互作用，影响营销主体的营销活动。

■■ 拓展阅读

山东烟台淘宝卖家突破 4 万　农产品是销售重点

在网上买衣服、家电、化妆品、家具成了众多年轻人的一种消费方式，在网上买新鲜水果也成为现实。

据阿里研究中心统计，注册地位于烟台的淘宝卖家已经突破 4 万人，在山东省内名列前茅，农产品是烟台卖家的重点销售类目。很明显，网络营销已经成为农民增收的新方式和新动力。

未来的网店还会有更多消费者想不到的产品出现，农产品也会像衣物、家电等商品一样热卖起来，烟台"抢滩"农产品电子商务就是抢到了新的市场。

1. 从农产品开发方面看

现代生物技术中的细胞工程、遗传育种、基因工程等技术的开创和发展，不仅促使农产品数量大幅度增长，农产品品质不断提高，而且还能开发出自然界过去没有的农业生物新品种。

2. 从对农产品营销渠道的影响看

互联网是营销中满足消费者需求最有魅力的营销工具之一。互联网将"4P"（服务、价格、分销、促销）和以顾客为中心的"4C"（顾客、成本、方便、沟通）相结合，对企业营销产生了深刻影响。

◆ "4P"与"4C"的结合

1. 以顾客为中心提供产品和服务。

2. 以顾客能接受的成本进行定价。

3. 产品的分销以方便顾客为主。

4. 从强迫式促销转向加强与顾客直接沟通的促销方式。

■ 案例分析

◆ 阅读案例

"狗不理"包子败走杭州市场

"狗不理"包子以其鲜明特色享誉神州，但在杭州却出现了"狗不理"包子店将楼下 1/3 的营业面积租给服装企业，依然是"门前冷落车马稀"的情景。

当"狗不理"包子一再强调其鲜明的产品特色时，却忽视了消费者是否接受这一特色，受挫于杭州也是必然的。

首先，"狗不理"包子馅比较油腻，不符合以清淡食物为主的杭州市民的口味。

其次，"狗不理"包子不符合杭州人的生活习惯。杭州人将包子作为便捷性食品，往往边走边吃，而"狗不理"包子由于皮薄、水馅、容易流汁，不能拿在手里吃，只能坐下来用筷子慢慢享用，在杭州人看来，很不方便食用。

◆ 分析讨论
营销主体企业异地发展需要注意哪些问题？

◆ 提示
1. 自身特色与当地消费习惯的融合（包括口味和饮食文化）。
2. 连锁经营的规范化与人才本土化的协调。
3. 目标市场的选择以及市场定位（如麦当劳在美国是"垃圾食品"，在中国却是中高档快餐）。

■ 实训活动

调查及分析本地某特色农产品的宏观环境

◆ 实训目的

1. 根据数据分析营销宏观环境对于农产品营销影响，催生了哪些行业的兴起和哪些行业的衰落？

2. 学会上网查询有关农产品营销的信息，养成及时关注农业网站的学习习惯。

3. 锻炼收集整理资料的能力。

◆ **实训步骤**

1.3～5 人一组，以小组为单位开展调研。

2. 在老师的指导下上网查找相关资料。

3. 实地抽样调查某些社区的情况。

4. 小组讨论，整理资料。

项　目	调查情况
人口	
经济	
社会文化	
自然资源	
科技环境	
调查讨论结果总结：	

5. 提交实训报告，班级交流。

◆ **实训地点与学时分配**

1. 地点：营销实训室、居民社区。

2. 学时：课余时间（3～4 天）收集整理资料，2 学时课堂交流。

■ 能力转化

◆ **判断题**

1. 企业的营销环境处于经常变动之中，所以企业要增强应变能力。（　　）

2. 我们可以通过一个国家的人均国民收入状况推测其消费水平和消费规模。（　　）

3. 农产品营销过程中，人口环境作为一种宏观环境是企业可控的。（　　）

4. 农产品跨国营销中，目标国家的相关农产品进口指标是必须考虑的。（　　）

5. 恩格尔系数的变化是与农产品营销无关的环境因素。（　　）

◆ **思考题**

1. 环保组织对于农产品的营销有什么影响？

2. 某个农产品销售公司要进入一个完全陌生的市场进行营销时，应该综合考虑哪些宏观环境因素？

3. 生物科技和互联网技术的发展对农产品的营销有哪些影响？

项目二　农产品营销微观环境分析

学习目标

● 知识目标

掌握农产品营销微观环境的构成要素。

● 能力目标

能够对某个农产品营销主体具体的营销微观环境进行分析。

● 素质目标

形成对农产品营销环境的基本认识，树立重视市场信息的意识。

案例导入

好的农产品也有销售困局

某地区是一种特色绿色农产品的主要产区，农产品品质很好，但是迟迟不能占有一定的市场份额，在本地和外地的市场上都遇到了销售困局。经调查发现，该农产品的种植和销售主要还是依靠农户自己，没有大的龙头企业。本地也没有类似协会或者合作社的组织，地头到消费者中间的链接中断或者不畅。虽然产品品质高，但是消费者对产品的认知程度不高，尤其是消费大省的消费者对此品牌知之甚少，在同类产品中的竞争力不强。另外，该农产品到消费大区的运输线长，农产品运输成本高，比起同类商品价格上没有明显优势。

◆思考　农产品应怎样走出销售困局?

知识储备

微观环境是指对营销主体构成直接影响的各种力量，与宏观环境因素相比，微观环境对营销主体营销活动的影响往往是更直接、更具体的，而且可控性强一些，但不是所有因素都是可控的。微观环境构成要素见图2-2。

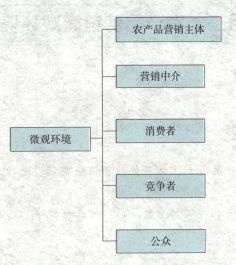

图 2-2 微观环境构成要素

一、农产品营销主体

常用的农产品营销主体见表 2-3。

表 2-3 农产品营销主体

营销主体	主要作用
农产品加工贸易骨干企业	发挥其加工增值、开拓国际国内大市场的主导作用，创建"龙头企业＋合作组织＋农户"的营销模式
农产品行业协会和农民专业合作经济组织	提高农民的组织化程度和市场谈判能力
专业购销大户	构建和发展农产品经纪人制度，带领农民走进市场、扩大农产品流通。这种营销主体模式可以更有效地提高农民自主销售农产品的能力

■ 拓展阅读

培育农产品营销主体的成效

山东省济南市从解决流通环节的问题入手，通过大力培育农产品营销主体，达到了抓流通促生产、促结构调整、促农民增收的目的。

一是推动了农业结构战略性调整向纵深发展，优势农产品区域布局基本形成。营销主体以市场为导向，以满足消费需求为目标，以终端消费来逆向决定农产品的生产品种、区域和规模，这就必然促进全市的农业和农村经济结构的战略性调整向纵深发展，基本形成了优势农产品区域布局。如平阴玫瑰、章丘大葱、商河大蒜等。

二是积极推行标准化生产，农产品竞争力大大增强。营销主体积极推进标准化生产，发展有机、绿色和无公害农产品，积极开拓国际国内大市场，大大提高了农产品的质量安全水平和市场占有率。

三是加快了科技兴农步伐，提高了农产品的科技含量。营销主体与大专院校、科研机构挂钩联系，通过技术推广、培训和开发，将农业最新科技成果迅速转化为现实生产力，是新的快捷有效的农技推广模式。

四是大大提高了农民的组织化程度，初步建立起农民收入持续稳定增长的长效机制。真正能够代表行业和产业利益进行"院外游说"，代表农户利益与国际国内市场谈判对手直接对话的就是营销主体。营销主体作为法人实体与收购加工企业就价格等问题进行谈判，实行订单农业，通过实行统一种植计划、品种、技术，统一收购、加工、销售及统一采购生产资料等方式，把分散的农民组织起来，大大提高了农民的组织化程度和谈判能力，有效降低了生产、交易成本，减少了风险。更为可喜的是能够使农民分享到加工、销售环节增值形成的利润，最终提高加工增值率和市场占有率，最大限度地实现农产品的价值，从机制上保证直接促进农民增收。

（资料来源：中国党政干部论坛，2004 年第 8 期）

二、营销中介

营销中介是指协助营销主体促销、销售以及把产品送到买方的机构。它们包括中间商、物流机构、营销服务及金融中间机构。农产品营销中介的类型有：

（1）协助企业进行分销和促销的经销中间商和代理中间商。

（2）帮助企业实现产品实体分配的仓储、运输部门。

（3）提供各种营销服务的广告、调研、咨询公司。

（4）提供融资、保险等服务的银行、信托、保险公司等。

企业应在动态变化中与这些营销中介建立起相对稳定的协作关系，以提高企业的营销能力。

资 料 室

农产品经纪人

结合当前农产品经纪人的从业构成，农产品经纪人可以分为销售型经纪人、科技型经纪人、信息型经纪人、复合型经纪人等。为规范全国各地大量存在的农产品流通领域的各种中介行为，根据我国实行的行业准入制度要求，劳动和社会保障部制定了农产品经纪人职业资格制度，所有在农村从事农产品经营中介活动的人员都需要经过培训取得农产品经纪人职业资格证书，持证上岗。劳动和社会保障部已将农产品经纪人职业资格的管理行为授权给中华全国供销合作总社，由中华全国供销合作总社根据授权实施行业培训，制定行业标准以及资格证书的管理工作。

三、消费者

消费者是企业营销活动的起点，也是营销活动的对象和终点，是营销主体最重要的一个环境因素。因此必须紧紧围绕消费者需求这个中心内容来开展各种营销活动。

消费者对农产品的需求，归纳起来主要有以下类型：

1. 对农产品基本功能的需求

农产品的基本功能即农产品能满足温饱和提供人体基本营养的功能——有用性。

2. 对农产品品质的需求

在农产品基本功能得到满足后，消费者往往追求更高品质的农产品。高品质的农产品一般体现在营养成分的含量、纯度、水分含量、口感等多个指标上。

3. 对农产品安全性能的需求

农产品质量安全已成为当今农产品消费需求的主流，绿色、鲜活农产品越来越受到消费者的推崇。

4. 对农产品便利程度的需求

包括购买过程和使用过程两个方面。

5. 对农产品外观的需求

良好的外观给人以美的享受，会得到消费者的青睐。

6. 对农产品情感功能的需求

消费者通过购买某种农产品能够获得情感上的补偿或追求，如鲜花送给朋友用以增进友谊等。

7. 对农产品社会象征的需求

像鲍鱼、燕窝等数量少、价格昂贵的农产品，消费者购买后作为礼物赠送他人，正是为了证实自己或对方的社会地位或社会身份，体现了对农产品社会象征的需求。

8. 对农产品良好服务的需求

产品与服务已成为不可分割的消费整体，消费者在购买产品的同时，还购买了与产品相关的服务。优质的服务是所有消费者的期盼。

拓展阅读

网购有机农产品 消费者最爱哪些

随着网购时代的来临，网购已成为普通民众购买产品的一种重要渠道。淘宝推出生态农业频道以来，引来了众多有机农产品追随者的围观。从前有奢侈的"一骑红尘妃子笑，无人知是荔枝来"，如今也有送货上门的有机蔬菜、水果等。

淘宝生态农业频道有机农产品上线一个月以来，日均交易额突破50万元，每天全国平均有超过2万户家庭通过这个"有机农产品市场"解决自己的菜篮子问题。

数据显示，最畅销的有机农产品分别是有机红枣、有机牛奶、有机茶叶、有机大米和有机食用油，因为这些产品适合远距离运输，没有地域限制。

在淘宝生态农业频道众多有机农产品中，最受云南人喜爱的不是别的，正是云南不缺的水果类。据淘宝数据统计，近一个月内云南人购买有机农产品的人群中，女性占了七成以上。其中48%为中等消费水平人群，成为有机食品消费主力，38%为中高等消费水平人群。淘宝相关工作人员表示，在有机水果中又数奇异果、石榴和百香果为云南人最爱。

不少市民认为网购有机水果"很靠谱"。市民小李就表示，有机水果最大的优势是可以连皮吃，"商铺的苹果都打蜡，就算用盐洗也不见得干净。"小李说，若是自己的经济条件允许，会考虑网购有机农产品。

（资料来源：中国有机农业网，2012年10月24日）

四、竞争者

竞争者与营销主体有相同的供应商，相同的营销中介，服务于同一群顾客。营销主体要想在市场竞争中获得成功，就必须有能力比竞争者更有效地满足顾客的需求。所以，营销应通过市场定位，使自身农产品与竞争者的产品在顾客心中形成差异，并取得竞争优势。

■ 拓展阅读

富硒农产品行业市场竞争分析报告要点

1. 富硒农产品行业内部的竞争 导致行业内部竞争加剧的原因可能有以下几种：一是行业增长缓慢，对市场份额的争夺激烈；二是竞争者数量较多，竞争力量大致相当；三是竞争对手提供的产品或服务大致相同，或者至少体现不出明显差异；四是某些企业为了规模经济的利益，扩大生产规模，市场均势被打破，产品大量过剩，企业开始诉诸削价竞销。

2. 富硒农产品行业顾客的议价能力 行业顾客可能是行业产品的消费者或用户，也可能是商品买主。顾客的议价能力表现在能否促使卖方降低价格、提高产品质量或提供更好的服务。

3. 富硒农产品行业供货厂商的议价能力 表现在供货厂商能否有效地促使买方接受更高的价格、更早的付款时间或更可靠的付款方式。

4. 富硒农产品行业潜在竞争对手的威胁 潜在竞争对手指那些可能进入行业参与竞争的企业，它们将带来新的生产能力，分享已有的资源和市场份额，结果是行业生产成本上升，市场竞争加剧，产品售价下降，行业利润减少。

5. 富硒农产品行业替代产品的压力 是指具有相同功能，或能满足同样需求从而可以相互替代的产品竞争压力。

（资料来源：中商情报网）

五、公众

公众是指对企业实现其目标构成实际或潜在影响的任何团体，他们可以促成或者阻碍企业营销（图 2-3）。

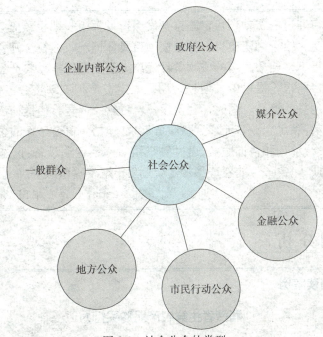

图 2-3　社会公众的类型

▣ 拓展阅读

农产品加工重点项目将获大额长期融资支持

　　为满足人们对农产品加工制品日益快速增长的需要，保障食品有效供给、价格稳定和质量安全，农业部与国家开发银行决定，利用开发性金融大力支持农产品加工业发展，组织实施一批农产品加工重点项目，支持企业发展主食加工业，建设专用原料基地、仓储物流设施等。计划在北京、河北、山西、黑龙江、江苏、福建、山东、河南、湖南、广东、四川、云南 12 个省、直辖市及黑龙江、广东农垦，优选一批农产品加工重点项目给予大额、长期融资支持，解决农产品加工业发展融资困难，推动农产品加工业又好又快发展。

　　此举能充分发挥农业部门组织协调优势和开发银行资金优势，积极搭建银企对接平台，探索完善开发性金融支持农产品加工业发展的融资模式，选择产业基础好、项目市场前景和成长性好、地方政府重视支持、企业管理团队素质高的项目实施。

对评审通过的贷款项目，国家开发银行发挥中长期投融资主力银行的特点和优势，给予融资支持，并根据项目具体情况，在符合开发银行相关政策的前提下，给予适当的贷款条件优惠。开发银行根据农产品加工企业和建设项目需求，提供中长期和短期、固定资产和流动资金等各种期限、各种类型的贷款产品。同时，利用投资、贷款、债券、租赁和证券综合金融服务优势，满足企业多元化金融服务需求，包括为符合条件的企业提供债券、票据发行承销和咨询服务，通过融资租赁满足企业设备、设施购置融资需求，为具备一定条件的农产品加工企业上市融资提供服务。

（资料来源：中国经济报）

案例分析

◆ 阅读案例

消费者生鲜农产品购买行为

通过对某市生鲜农产品购买者的问卷调查，有下面的结论：

（1）随着消费水平的提高，消费者对生鲜质量关注度逐步上升，而对价格敏感度在下降，相反对质量要求在变苛刻。

（2）消费者购买生鲜农产品的地点一般离自己居住或工作地不超过3公里，购买地一般是超市和农贸市场。

（3）消费者对购物环境和服务态度的关注度增加。

（4）消费者的性别、年龄和家庭收入都会对生鲜农产品购买行为产生影响，老年人一般更愿意去农贸市场购买，而年轻人则更倾向于去超市购买。

◆ 分析讨论

通过对调查结果的分析，超市可以采取哪些措施来增加生鲜农产品的销售量？

◆ 提示

超市在生鲜农产品经营区增加一些相对专业的导购员；改善农产品密封袋装销售方式，提供散装的农产品以供消费者选择；对农产品销售付款另外开一个通道；加大农产品质量认证体系和质量监管系统，让消费者形成"要吃放心农产品到超市"的心理；超市扩展分店时，选一些比较新的和收入相对较好的居民区。

实训活动

分析微观环境因素对农产品营销的影响

◆ **实训目的**

1. 了解微观环境对具体的农产品营销的影响。

2. 学会上网查询有关农产品营销主体进行营销活动的信息。

3. 锻炼收集整理资料的能力。

◆ **实训步骤**

1. 3～5人一组，以小组为单位开展调研。

2. 在老师的指导下上网查找相关资料。

3. 实地调查当地代表性农产品营销主体的营销活动。

4. 小组讨论，整理资料。

	A企业	B企业	C企业
营销主体			
竞争者			
营销中介			
消费者			
公　众			

5. 提交实训报告，班级交流。

◆ **实训地点与学时分配**

1. 地点：营销实训室、农产品营销企业。

2. 学时：课余时间（2～3天）收集整理资料，2学时课堂交流。

能力转化

◆ **判断题**

1. 农产品营销过程中，企业的文化环境是作为微观环境的一个因素进行考虑的。（　　）

2. 广告公司属于微观环境因素中的营销中介。（　　）

3. 消费者购买行为的改变不会对农产品的营销产生什么影响。（　　）

4. 顾客既是企业营销活动的起点，也是终点。（　　）

5. 保险公司、广告公司属于市场营销渠道企业中的辅助商。（　　）

◆ **思考题**

某农家乐饭店，为了更好地服务于游客，计划重新调查和评估饭店所处的微观环境，以便为下一步经营改善做决策依据。请分组讨论，为此农家乐饭店设计一份调查计划。

项目三　农产品营销环境分析方法

✗ 学习目标

● 知识目标

1. 了解农产品营销环境的内外部各种因素。

2. 掌握农产品营销"SWOT"分析法的原理。

● 能力目标

能够对某个农产品营销主体的具体营销环境进行威胁—机会分析。

● 素质目标

形成对农产品营销环境的综合认识，树立重视市场信息的意识。

■ 案例导入

影响农产品出口的因素

从近期农产品的出口统计数据看，影响农产品出口的因素有：

（1）各类贸易壁垒如卫生与植物卫生（SPS）措施的实施，导致中国农产品出口难度加大。

（2）企业各类相关成本上升，人民币汇率升值。

（3）中国加入世界贸易组织各项承诺的逐步兑现，中国农产品市场进一步对外开放，国外大量优质低价农产品涌入国门。

（4）谷物、油料作物、糖料作物等土地密集型农产品的出口相对萎缩，而水产、畜禽、果蔬等劳动密集型产品出口的竞争优势明显，出口农产品的加工程度有所提高。

（5）中国农产品对亚洲出口过度集中的现象有所改善，其他市场的成长性较好，如俄罗斯以及东南亚、非洲等地区可能成为中国农产品出口新的增长点。

（6）虽然东部仍然是中国农产品出口的主要地区，但西部和中部地区的出口有了明显的改善。

◆思考　诸多因素为中国的农产品出口带来了哪些机遇和挑战？

■ 知识储备

一、"SWOT"分析法的含义

内外部分析，也称为"SWOT"分析，是指一个公司需要界定其内在资源的强势与劣势以及外在环境的机会和威胁。

1. 优势和弱势

每个企业应定期检查自己的优势和弱势（图2-4）。分析企业优势和弱势时，主要用价值链分析法。企业的价值链就是企业所从事的各种活动：设计、生产、销售、发运以及支持性活动的集合体。企业应对每项价值活动进行分析，发现存在的优势和弱势以及价值链中的各项活动的关系。

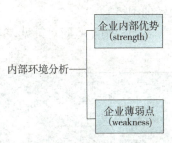

图2-4　企业内部环境分析的内容

2. 机会与威胁

企业的外部环境机会是指市场上存在的或潜在的消费需求。同一环境机会对不同企业是不同的，对一些企业可能成为有利的机会，对另外一些企业可能成为威胁（图2-5）。

"SWOT"分析见图2-6。

图2-5　企业外部环境分析的内容

图2-6　SWOT 分析

二、面对不同营销环境的对策

1. 对理想业务

应看到机会难得，甚至转瞬即逝，必须抓住机遇，迅速行动；否则，将丧失战机，后悔莫及。

2. 对冒险业务

面对高利润与高风险，既不宜盲目冒进，也不应迟疑不决，坐失良机，应全面分析自身的优势与劣势，扬长避短，创造条件，争取突破性的发展。

3. 对成熟业务

机会与威胁处于较低水平，可作为企业的常规业务，用以维持企业的正常运转，并为开展理想业务和冒险业务准备必要的条件。

4. 对困难业务

要么是努力改变环境，走出困境或减轻威胁，要么是立即转移，摆脱无法扭转的困境。

不同营销环境的对策见表 2-4。

表 2-4 不同营销环境的对策

基本对策 企业内部环境 企业外部环境	S（优势） 列出优势因素	W（劣势） 列出劣势因素
O（机会） 列出机会因素	**SO 战略** 保持优势 利用机会	**WO 战略** 改进劣势 利用机会
T（威胁） 列出威胁因素	**ST 战略** 保持优势 规避风险	**WT 战略** 改进劣势 规避风险

■ 案例分析

◆ **阅读案例**

阅读案例导入"影响农产品出口的因素"。

◆ **分析讨论**

作为一个农产品出口贸易企业，应怎样使用"SWOT"分析法分析各种环境因素，并提出对策。

◆ **提示**

1. 针对各类贸易壁垒，企业应该提高生产技术水平以达到目的地的进口要求。

2. 针对成本和汇率变化的威胁，企业应该努力改进生产技术，提高生产率，降低成本，使自己的农产品出口具有价格优势。

3. 针对国外质优价廉的农产品进口的竞争，企业应提高产品质量，巩固现有销售渠道，降低成本。

4. 新的出口国市场的开辟企业应该重点关注，与农产品贸易互补或基本互补的国家或地区建立双边或区域自由贸易区，从而满足开拓更大的出口市场和更可靠的进口来源的需求，在农产品贸易上做到互利互惠。

5. 不同地区的企业应因地制宜，充分发挥自身优势，形成各自的优势农业产业。

实训活动

本地区特色农产品营销环境调查

◆ **实训目的**

1. 了解本地区农产品营销环境中的机遇和威胁。

2. 提高汇总调查资料综合分析的能力。

3. 锻炼收集整理资料的能力。

◆ **实训步骤**

1. 3～5 人一组，以小组为单位开展调研。

2. 在老师的指导下上网查找相关资料。

3. 实地调查走访市场。

4. 小组讨论，整理资料。

内部 对策 外部	优　势	劣　势
机　会		
威　胁		

5. 提交实训报告，班级交流。

◆ **实训地点与学时分配**

1. 地点：营销实训室、农产品集贸市场。

2. 学时：课余时间（2～3 天）收集整理资料，2 学时课堂交流。

能力转化

◆ **讨论题**

随着中国加入 WTO 和世界经济一体化进程的加快以及国内、国外农产品市场的逐步融合，其他国家对我国农产品出口的非关税措施等不公平待遇逐步减少，应利用世界贸易组织的有关条款以及争端解决机制保护自己的利益，更经济有效地解决与其他国家的农产品贸易争端。同时，农产品国际营销面对的环境更加复杂，我国农产品出口深受新型壁垒之害。农产品市场的开放程度将逐渐提高，将有越来越多的外国农产品会成为国内农产品的竞争对手，争夺有限的中国农产品市场。

我国有些农产品与国外农产品相比具有绝对的价格优势，这些产品主要包括水果、蔬菜、花卉以及绝大部分畜产品和水产品。农产品加工企业数量不断增加，民营企业规模不断扩大，其组织结构不断完善，各地已经逐步形成一批特色、优势农产品的生产加工基地，如山东的蔬菜、云南的花卉、陕西的果汁、新疆的番茄制品等农产品加工基地，但同时我国农产品加工业也存在技术落后、产品档次不高的问题。而国内市场在受到不同程度冲击的同时也在由卖方市场向买方市场转化。

● 讨论

1. 加入 WTO 后我国农产品销售面临的机遇和挑战有哪些？
2. 应针对具体形势制定怎样的营销策略？

单元三

农产品目标市场选择

任何一个企业都无法满足整个市场的需要，因此，准确地选择目标市场，有针对性地满足某一消费层次的特定需要，是企业成功进入市场的关键。经营者只有正确地细分市场，识别市场机会，才能选好目标市场，迈向成功之路。

市场细分、目标市场选择和市场定位三个环节构成了农产品目标市场营销全过程，见图 3-1。

图 3-1　农产品目标市场营销步骤

项目一　农产品市场细分

学习目标

● 知识目标

1. 明确农产品市场细分的依据。

2. 了解农产品市场细分的方法和程序。

● 能力目标

学会农产品市场细分的方法。

● 素质目标

培养顾客就是上帝的经营意识。

■ 案例导入

鲜切水果配送——水果细分市场的新领域

在黑龙江大学学习平面设计与计算机专业的崔立佳和孙迪，2005 年毕业后来到北京，在国贸商业区工作。由于厌倦了朝九晚五的工作节奏和每天吃口味雷同的快餐，他们萌生了自主创业的念头。做哪行呢？他们发现许多写字楼白领虽然上班有带水果，但没时间洗，品种又单一，常抱怨没时间吃水果。他俩决定创办一家鲜切水果送餐公司，专为在写字楼工作的白领送鲜切水果。

2008 年 5 月，两人开始着手查找资料、搜集数据、分析创业可行性，发现鲜切水果配送在国外已是一种相当专业化的老行当，而在北京除某些快餐公司在快餐盒里放点果品点缀外，还没有一家专营鲜切水果的送餐公司。兴奋之余他们很快就开设了"吧卟啦卟"水果网，并注册了公司。"吧卟啦卟"是个拟声词，表现人们享受美味时嘴里发出的声音。他们给公司起这个名，就是希望人们一看到这个词就能想到各种美食。

为调查各栋写字楼的入住率，了解"白领"们对水果口味的需求，两人从几个大型水果批发市场采购来各种新鲜水果，洗净后精心切成大小适中的块，搭配好，进行分装，开始在建外 SOHO 一栋写字楼里尝试免费发送。半天时间，100 多份水果就发完了，几百位公司员工接受了他们递上的名片广告。

在两人满怀期待地等待咨询电话的第一周里，铃声一共只响了 7 次。但坚持和耐心使他们很快有了回报。之后的几个月里，每天都有二三十个电话打进来，客户群的建立和对他们产品的认可给了崔立佳和孙迪极大的鼓励，也让他俩坚定了信心。

为了提高知名度，扩大经营范围，两个年轻人除了坚持亲自入户宣传，还及时地利用起"白领"们会经常使用到的 MSN、QQ、E-mail 等网络信息传播工具进行产品推广。渐渐地，对鲜切水果配送感兴趣的客户越来越多。

随着业务的不断扩大，两人在四惠附近租下一间仓库装修成水果加工厂，又投入几万元购买了专业的清洗、消毒、切割和分装设备。水果餐一份价格 9 元，颇受欢迎，头一个月两人就送出了几千元的水果餐，最多的一天，签了 20 多个包次和包月客户。如今，公司已设有专门的接线员、加工员和配送员，还成立了客服中心，并签下两家固定的水果供货商。现在公司每月都要送出几万元的水果，国贸地区 70 多栋写字楼已经被他们"占领"，其中一栋写字楼每月要发来 2 万多元的果品订单，小哥俩的创业梦正在一步步实现。

（资料来源：大学生创业做水果快餐赚大钱，周建冲）

◆启示　市场细分带来了两个年轻人生意的成功。

■ 知识储备

一、农产品市场细分的概念与标准

农产品市场是一个庞大的整体，任何一个经营者不可能有足够的资源去满足整个市场的需要。任何一种农产品也不可能满足所有顾客的需要，为所有顾客所接受，所以农产品生产经营者必然要对市场整体进行分割，用有限的资源去获取最大的利益。

1. 农产品市场细分的概念

所谓农产品市场细分，就是根据农产品总体消费市场中不同消费者之间需求的差异，把农产品的整体市场划分成若干个不同的消费者群的市场分类过程。每一个消费者群就是一个细分市场，也称"子市场"。

农产品市场细分的客观基础是消费者之间需求的差异性。它是以消费者作为划分的对象，而不是以产品，是识别具有不同要求或需要的消费者的过程。农产品市场细分是农产品经营者营销局限性和消费者需求差异性之间的矛盾引起的，并在消费者需求差异性基础上进行的。如市场上出售蔬菜，一般家庭购买是为了食用，而一家罐头厂购买则是为了制作蔬菜罐头。虽然两者购买的是同样的商品，但由于购买需求和目的不同，就分属于不同的细分市场，即个人消费市场和生产者市场。

2. 农产品市场细分的作用

（1）市场细分有利于经营者发现新的市场机会。市场机会是市场上客观存在的，但尚未得到满足或未能充分满足的需求。通过市场细分，经营者既可以寻找到目前市场上的空白点，看哪一类消费者的需求已经得到满足，哪一类尚未有合适的产品去满足，哪一类满足的程度还不够；也可以分析和了解各个细分市场上，哪些竞争激烈，哪些平缓，哪些有待发展等。然后，再进一步结合经营者的情况，选择恰当的目标市场。

（2）市场细分有利于经营者提供适销对路的产品。进行市场细分后，经营者在所选择的目标市场上展开营销工作，由于范围相对缩小，服务对象具体明确，便于经营者及时、准确地调整产品结构、价格、渠道及促销策略，更好地满足消费者的需求。同时，在所选定的目标市场上，经营者还可以更清楚地认识和分析各个竞争者的优势和不足，扬长避短，有针对性地开展经营活动。如提供鲜切果盘，应针对员工福利好的大公司，效果会更好。

（3）市场细分有利于提高经营者的经济效益。进行市场细分后，经营者可根据自身条件，选择恰当的目标市场，从而避免在整体市场上分散使用力量，制定有效的营销策略，形成局部市场优势，起到节约经营费用，提高经营者经济效益的效果。

3. 农产品市场细分的标准

消费者是农产品的主要买主，是整个社会经济活动为之服务的最终市场，因此消费者市场是农产品经营者关注的重点。一般而言，消费者市场范围广、地区分散、顾客众多、需求多变、交易额小、交易频繁且对价格变化极其敏感。

农产品消费者市场细分的标准主要包括以下四个方面（表 3-1）：

表 3-1　农产品市场细分标准

细分标准	具体因素	
地理细分	国别、地区、城市规模、人口密度、气候等	
人口细分	年龄、性别、家庭人数、收入、职业、教育、宗教、民族、国籍等	
心理细分	消费者的个性、生活方式、社会阶层等	
行为细分	购买时机	节假日、庆典等特殊时机
	追求利益	物美价廉、方便耐用、地位身份
	使用者状况	未曾使用、初次使用、重复使用
	品牌忠诚度	不稳定、忠诚
	使用率	轻度使用、中度使用、重度使用

（1）地理细分。处于不同地理位置的消费者，对同一类产品往往呈现出差别较大的需求特征。如四川、湖南一带的消费者，天生喜欢辣食。但是地理因素是一种静态因素，处于同一地理位置的消费者仍然会存在较大的需求差异，因此，在进行市场细分时，还必须进一步考虑其他因素。

（2）人口细分。消费者购买决策也必然受其个人特点的影响。不同年龄、不同文化水平的人，在价值观念、生活情趣、审美观念、消费方式等方面会有或大或小的差别，即使是同样的产品，也会产生不同的消费需求。

（3）心理细分。在个人因素相同的消费者中间，对同一商品的爱好和态度截然不同，这主要是由于心理因素的影响。

生活方式指消费者对待生活、工作、娱乐的态度和行为。据此可将消费者划分为享乐主义者、实用主义者以及紧跟潮流者、因循守旧者等不同的类型。

性格方面，消费者通常会选购一些能表现自己性格的款式、色彩及产品。根据性格的差异，可以将消费者分为独立、保守、外向、内向、支配、服从等类型。

此外，消费者还会根据自己的背景，将自己主观地融入某一社会阶层，同时在消费和购买产品时也会反映出该阶层的特征。如在选择休闲活动时，高收入阶层可能会选择打高尔夫球，低收入阶层则可能选择在家中看电视。

（4）行为细分。即按照消费者对产品的认识、态度、使用情况或反应为基础来划分市场，一般分为购买时机、追求利益、使用者状况、忠诚程度等。

 拓展阅读

农产品市场细分的原则

并不是所有的市场细分都是合理有效的，要使市场细分有效，必须做到以下几点：

1. 可衡量性　指用来细分市场的标准和细分后的市场规模是可以衡量的。这样才便于经营者进行分析、比较和选择，否则，对经营者就没有任何意义。

2. 可进入性　即经营者有能力进入将要选定的目标市场。如果经营者无能力进入所选定的目标市场，那么，这样细分显示出来的市场机会就不是经营者的营销机会。

3. 可盈利性　即经营者要进入的细分市场规模必须保证经营者能够获得足够的经济效益，如果市场规模太小、潜力有限，这样细分出来的市场对经营者营销来说就毫无意义。

4. 可区分性　细分市场在观念上能被区别，并且对不同的营销组合因素和方案有不同的反应。细分的程度要适度，不是分得越细越好，反对"超细分"。

市场细分的好处是显而易见的：于消费者而言，在细分市场下，自己的需求总是能够不断地得到更大程度的满足；对生产者而言，每满足消费者一个新的需求，就意味着开辟了一块新的市场空间，或者在某一领域的竞争中占领了先机。因此，不管是商家还是厂家，都非常注重依靠市场细分来开辟市场，寻找增值的空间，而消费者总是在这样的"被细分"中享受到更加完善的服务。

二、农产品市场细分的方法和步骤

1. 农产品市场细分的方法

（1）单一变数法。所谓单一变数法，是指根据市场营销调研结果，选择影响消费者或用户需求最主要的因素作为细分变量，从而达到市场细分的目的。如按年龄对奶粉的所有消费者进行划分，就可分为婴幼儿奶粉、小童奶粉、学生奶粉、中老年奶粉等不同阶段的奶粉，每一个年龄段的消费者群即为一个细分市场（表3-2）。

表3-2　单一变数法对奶粉市场的细分

消费者年龄	婴幼儿	少儿	青少年	中老年
奶粉	婴幼儿奶粉	小童奶粉	学生奶粉	中老年奶粉

（2）综合变数法。所谓综合变数法，就是选择两个或三个影响消费者需求的细分依据进行市场细分的方法。以消费者习惯和购买者类型两个因素为细分变量。如以消费者习惯为变量可将肉鸡市场分为：净膛全鸡、分割鸡、鸡肉串三类需求子市场。按购买者类型不同可将市场分为饮食业用户、团体用户和家庭用户三个需求子市场。两个变数交错进行细分，肉鸡市场就分为九个细分市场（表3-3）。

表3-3　综合变数法对肉鸡市场的细分

消费者习惯	饮食业用户	团体用户	家庭用户
净膛全鸡	A	D	G
分割鸡	B	E	H
鸡肉串	C	F	I

（3）系列变数法。所谓系列变数法，就是根据影响消费者需求的各种因素，按照一定的顺序由粗到细进行细分的方法。如以年龄、性别、收入、职业、文化程度、住地等多种因素对果汁市场进行细分（图3-2）。

2. 农产品市场细分的步骤

市场细分就是依据顾客需求差异"同中求异，异中求同"的过程，也就是调研、分析和评估的过程。其具体过程可分为七步，如图3-3所示。

图 3-2 系列变数法对果汁市场的细分

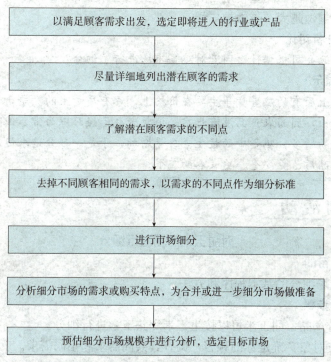

图 3-3 农产品市场细分步骤

案例分析

◆ 阅读案例

"德清源"鸡蛋占据高端鸡蛋消费市场

在北京的鸡蛋市场上，有一种"德清源"鸡蛋，其价格是普通鸡蛋价格的两倍左右，但仍然供不应求，占据了北京鸡蛋市场的 25%，如果只计算品牌鸡蛋，则这个比例是 80%。这种鸡蛋为什么可以卖这么贵呢？

原来这种蛋是北京德清源农业科技股份有限公司喂养的生态鸡产的。这些鸡吃的是绿色食品，喝的是山泉水，喂养环境青山良田环绕，空气清新。所产蛋蛋壳很硬，蛋黄是橙黄色，不像其他鸡蛋那么容易打散，很有韧性，煮熟后鸡蛋味道很香。北京很多五星级酒店，如中国大饭店、凯宾斯基等都在用德清源的产品，而有些高端蛋糕房，还特意将"本店用德清源鸡蛋"印在了自己的宣传册上。品牌鸡蛋，这个被市场细分之后的领域，被德清源越做越大，越做越广阔。

◆ **分析讨论**

德清源公司根据什么因素对鸡蛋市场进行了细分？

◆ **提示**

市场上原有的鸡蛋竞争主要在价格上，没有质量上的竞争，食品安全问题不突出，因为农产品没有标准，消费者也已经习以为常。但随着鸡饲料添加剂的增多，鸡蛋中的抗生素含量增加，于是一部分追求健康的人会需要更高品质、更安全、更营养的鸡蛋。

■ 实训活动

对甜玉米市场进行细分

◆**实训目的**

掌握市场细分的基本程序和方法。

◆**实训步骤**

1. 细分产品：甜玉米可以按生玉米和熟玉米进行细分。

2. 调查对象：确定你的顾客，调查其共同需求和不同需求。

顾客特征	具体情况
潜在顾客群	教师、职工、学生、附近居民等
年 龄	
性 别	
地点（居住或工作点）	
工资水平	
购买频率	
愿付价格	

（续）

顾客特征	具体情况
购买数量	
未来市场趋势	

3. 调查步骤：

（1）3～5 人一组，以小组为单位开展调研。

（2）调查时可依据上表进行，也可自行添加调查项目。

（3）调查地点：农贸小市场周边。

（4）小组讨论，整理资料，进行市场细分。

4. 相关提示：

（1）细分目标：有一定人数的购买规模。

（2）市场细分：有一定消费承受力的人、家庭中承担做饭任务的人、家庭中有一定社会交往的人、有希望节日送礼的人、因种种原因购物难的人、家庭成员价值观认定玉米有益于健康的人、玉米口感得到认同的人。然后确定每一细分市场规模，当人口、购买欲望、购买力三个因素同时具备时，就构成了现实的市场需求。

5. 总结并提交调研报告，填写下表，班级交流。

消费群体	群体特征
教师	
工人	
学生	
附近居民	

◆ **实训地点与学时分配**

1. 地点：营销实训室、附近农贸市场。

2. 学时：1 天。

能 力 转 化

◆ **选择题**

1. 同一细分市场的顾客需求具有（　　　）。

    A. 绝对的共同性　　　　　　B. 较多的共同性

    C. 较少的共同性　　　　　　D. 较多的差异性

2. "市场同质化"的理论，主张从（　　）的比较出发适度细分市场。

    A. 成本和收益　　　　　　　B. 需求的差异性和一致性

    C. 利润和市场占有率　　　　D. 企业自身与竞争者资源条件

3. （　　）差异的存在是市场细分的客观依据。

    A. 产品　　　　　　　　　　B. 价格

    C. 需求偏好　　　　　　　　D. 细分

4. 按年龄、性别、家庭规模、收入、职业等为基础细分市场是属于（　　）。

    A. 地理细分　　　　　　　　B. 心理细分

    C. 人口统计细分　　　　　　D. 行为细分

5. 按购买者的态度、购买动机进行细分属于（　　）。

    A. 地理细分　　　　　　　　B. 心理细分

    C. 人口统计细分　　　　　　D. 行为细分

◆ **思考题**

当地的特色农产品有哪些？请选择1～2种进行市场细分。

项目二　农产品目标市场选择

 学习目标

● **知识目标**

1. 明确农产品目标市场的定义和选择条件。

2. 了解不同的目标市场营销策略。

● **能力目标**

学会选择农产品目标市场的方法。

● **素质目标**

培养发掘满足市场机会的意识。

案例导入

"黑货"店生意兴隆

    街上农产品集贸市场附近新开张了一家特色食品店。这家食品店出售的全是"黑货",如黑米、黑豆、黑芝麻、黑木耳、黑面包、黑咖啡等。许多顾客买"黑色食品"时,一下子就会想到去这家"黑货"店。因此,该店生意一日比一日红火。"黑货"店为何会生意兴隆呢?

◆ 启示 卖同样商品的商店到处都是,要使顾客上门,非得有一些特色不可,这就是人们常说的"经营特色"。这家"黑货"店生意兴隆的秘诀在于"特、新",它采用了产品专业化选择模式,即让黑色食品集中在一起,供顾客任意挑选,满足了人们好奇的心理和对健康食品的需求。

■ 知识储备

一、农产品目标市场的含义

所谓农产品目标市场,是指农产品生产经营者打算进入的细分市场,或打算满足的具有某一需求的顾客群体。

市场细分与目标市场选择的联系与区别见表 3-4。

表 3-4　市场细分与目标市场选择的联系与区别

	联　系	区　别
市场细分	是目标市场选择的前提和基础	按一定的标准划分不同消费群体
目标市场	是市场细分的目的和归属	根据自身条件选择一个或一个以上细分市场作为营销对象

二、评估农产品细分市场

为选择适当的目标市场,经营者必须对每个细分市场进行评估。比较理想的目标市场应该具备的基本条件有:

(1) 所选市场要有足够的规模。也就是说,市场中有大量尚未满足的需求,且消费者有足够的购买力。

(2) 细分市场中竞争对手还未控制该市场,而且通过一系列营销活动可以进入该市场,并在该市场中占据一定的优势。

(3) 经营者有满足细分市场的足够的资源能力,并在该细分市场中进行营销符合自身的战略目标。有些市场虽然规模适合,也具有吸引力,但还必须考虑:第一,是否符合自身的长远目标,如果不符合,就得放弃;第二,经营者是否具备在该市场获胜所必要的能力和资源，如果不具备，也要放弃。

三、确定农产品目标市场的模式

目标市场有大有小，但归纳起来有 5 种层次的目标市场，也就产生了 5 种选择。表 3-3 中，横向是 3 个市场，纵向是 3 种商品，合计有 9 个细分市场，如 A 就是饮食业用户的净膛全鸡市场，E 就是团体用户的分割鸡市场等。

1. 单一产品单一市场

单一产品单一市场是经营者在所有细分市场中只选择一个作为自己的目标市场的过程，也就是只全力生产一种产品，供应某一顾客群（图 3-4）。如经营者选择 B，就是专门针对饮食业用户经营分割鸡，满足饮食业用户对分割鸡的需求。

2. 多个市场单一产品

多个市场单一产品是经营者在所有细分市场中横着选，把一个产品类别作为目标市场的过程（图 3-5）。也就是经营者只生产一种产品，但针对各类用户经营。如经营者选择 B、E、H，就是专业经营分割鸡，但面向各类用户销售。

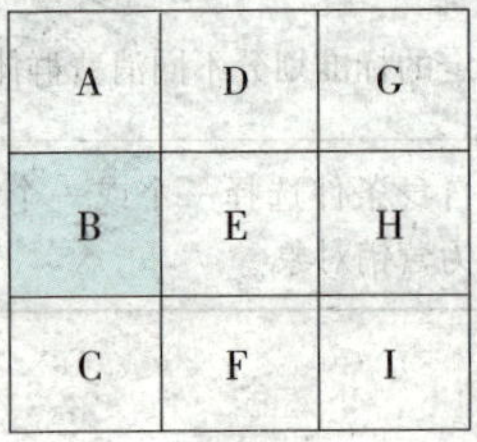

A	D	G
B	E	H
C	F	I

图 3-4　单一产品单一市场选择模式

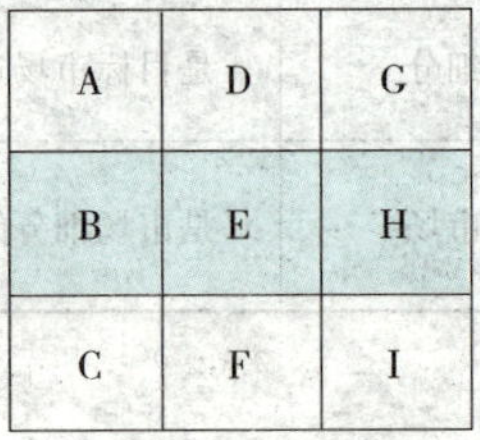

A	D	G
B	E	H
C	F	I

图 3-5　多个市场单一产品选择模式

3. 单一市场多种产品

单一市场多种产品是经营者在所有细分市场中竖着选，把一个市场类别作为目标市场的过程（图 3-6）。也就是经营者的生产满足某一类用户对各种产品的需求。如经营者选择 A、B、C，就是专门为饮食业用户提供各类鸡肉产品。

4. 多个市场多种产品

多个市场多种产品是经营者在所有的细分市场中有选择地选取某几个细分市场作为目标市场的过程。如经营者选择 B、D、I，则专注于为饮食业用户提供分割鸡，为团体用户提供净膛全鸡，为家庭用户提供鸡肉串。

A	D	G
B	E	H
C	F	I

图 3-6　单一市场多种产品选择模式

A	D	G
B	E	H
C	F	I

图 3-7　多个市场多种产品选择模式

5. 全面覆盖市场产品

　　全面覆盖市场产品是经营者选择所有的细分市场为目标市场的过程,也就是经营者为所有的顾客提供其所需要的各种产品。如经营者选择了 A、B、C、D、E、F、G、H、I 全部 9 个细分市场,这是大经营者选择目标市场的模式。

A	D	G
B	E	H
C	F	I

图 3-8　全面覆盖市场产品选择模式

四、农产品目标市场营销策略

　　市场细分以后,经营者确定了目标市场,相应地目标市场的营销策略包括无差异市场营销策略、差异性市场营销策略、集中性市场营销策略(表 3-5)合适的营销策略能帮助有效地进入目标市场。

表 3-5　农产品目标市场营销策略比较

类型		比　　较
无差异市场营销策略	描述	把一种产品的整体市场看作一个大的目标市场,不进行细分,只考虑消费者在需求方面的共同点,而不管他们之间是否存在差别,以一种产品去满足市场上所有消费者需求的营销策略
	图示	
	优点	具有经济性,成本较低
	缺点	产品和服务等缺乏针对性
	举例	美国的可口可乐公司最具代表性。100 多年以来,不论是在北美还是全球,都奉行无差异化营销策略,保证可口可乐的品质和口感始终如一,使之成为一个全球化的超级品牌

（续）

类型		比　　较
差异性市场营销策略	描述	在对市场进行细分的基础上，根据各细分子市场上消费者需求的差别选定几个子市场为目标市场，针对每一个子市场，分别设计不同的产品，采用不同的营销组合方案，多方位或全方位地满足各细分子市场顾客需求的营销策略
	图示	市场营销策略组合1 → 细分市场1 市场营销策略组合2 → 细分市场2 市场营销策略组合3 → 细分市场3 …… ……
	优点	能满足各细分市场不同顾客群的不同需求，增强了竞争力，降低了经营风险
	缺点	分散资源，生产成本和各种营销费用增加，有可能降低经济效益
	举例	宝洁公司分别生产了专门满足顾客去屑需求的"海飞丝"，柔顺需求的"飘柔"和定型需求的"沙宣"，占领了多个细分市场
集中性市场营销策略	描述	集中力量进入某一个或几个细分市场，提供能满足这些细分子市场需求的产品，实行高度专业化的生产和销售的营销策略，以期在竞争中取得优势
	图示	一种市场营销策略组合 → 细分市场1 细分市场2
	优点	小经营者可集中力量于大经营者所顾及不到的某个细分市场，在生产、销售方面实行专业化，就可较容易地在该市场取得有利地位，获得较高投资回报
	缺点	市场选择面窄，风险较大，一旦目标市场发生变化，经营者容易陷入困境
	举例	如处于产品成熟期的手机行业，现在品牌众多，如三星、苹果、诺基亚、华为等，如欲进入现阶段手机市场，应采用集中性市场营销策略

五、影响农产品目标市场选择的因素

经营者并不能随心所欲地选择自己的营销策略，必须具体考虑以下因素（表3-6）：

表3-6　影响农产品目标市场选择的因素

影响因素		营销策略
自身实力	实力雄厚	无差异或差异性市场营销策略
	实力较弱	集中性市场营销策略
市场性质	同质市场	无差异市场营销策略
	异质市场	差异性或集中性市场营销策略
产品性质	差异性较小	无差异市场营销策略
	差异性较大	差异性或集中性市场营销策略

（续）

影响因素		营销策略
产品生命周期	新产品	无差异或集中性市场营销策略
	成长期	差异性市场营销策略
市场供求	供不应求	无差异市场营销策略
	供大于求	差异性或集中性市场营销策略
竞争者情况	实力雄厚	差异性营销策略
	实力较弱	无差异市场营销策略

■ 案例分析

◆ 阅读案例

核桃仁也分三六九等

在云南省漾濞彝族自治县的一个村广泛种植核桃，当地农民说他们的核桃仁最贵每千克能卖到 50 元。这个价格，甚至比北京超市里卖得还要高。这是怎么做到的？原来是当地核桃经销大户把周边村庄的核桃收购来，再请人把一部分核桃剥成核桃仁出售，并将核桃仁按成色分成三类。色泽最明亮、颗粒最大、果仁最饱满的，就是每千克卖到 50 元的一等品，光看品相，就知道跟北京超市里卖的不一样。

◆ 分析讨论

该经销大户采用的是何种营销策略？

◆ 提示

该经销大户采用了差异化营销策略，对产品进行了分级，留了部分核桃卖，其余的剥成核桃仁，再分等级，客户就能购买不同等级的核桃仁满足不同需求了。

根据客户的需求，把商品进行细分，不仅能发掘新的市场，而且往往能够在传统市场里找到增值的空间。

■ 实训活动

为小王的花店选择目标市场

小王在毕业后决定自主创业。他考察了市场，决定在本地一家著名医院附近开一家花店，请为小王的花店做市场细分，选择目标市场。

◆ **实训目的**

掌握市场细分的步骤和方法。

◆ **实训步骤**

1. 调研本地鲜切花市场，了解其规模、类型。

2. 考察拟开设花店地址周围消费群体特征，如医院、大学附近、商务圈等。

3. 根据不同目标消费群体细分若干个目标市场。

4. 分析各目标市场的优劣势，并进行现场交流。

◆ **实训地点与学时分配**

1. 地点：学校周边花市、主要目标消费者活动区域、营销实训室。

2. 学时：8学时。

能 力 转 化

◆ **选择题**

1. 依据目前的资源状况能否通过适当的营销组合去占领目标市场，即企业所选择的目标市场是否易于进入，这是市场细分的（　　）原则。

    A. 可衡量性　　　　B. 可实现性　　　　C. 可赢利性　　　　D. 可区分性

2. 采用（　　）模式的企业应具有较强的资源和营销实力。

    A. 市场集中化　　　　　　　　　　B. 市场专业化

    C. 产品专业化　　　　　　　　　　D. 市场全面覆盖

3. 采用无差异性营销战略的最大优点是（　　）。

    A. 市场占有率高　　　　　　　　　B. 具有经济性，成本较低

    C. 市场适应性强　　　　　　　　　D. 需求满足程度高

4. 小区一家特产店专门销售各类黑色农产品，而不提供其他的，这是（　　）。

    A. 产品市场专业化　　　　　　　　B. 产品专门化

    C. 市场专门化　　　　　　　　　　D. 有选择的专门化

5. 同质性较高的产品，宜采用（　　）。

    A. 产品专业化　　　　　　　　　　B. 市场专业化

    C. 无差异营销　　　　　　　　　　D. 差异性营销

6. 自来水公司的水供应千家万户，这是（　　）市场策略。

    A. 无差异性　　　　B. 差异性　　　　C. 密集型　　　　D. 相关型

7. 市场定位是（　　）在细分市场的位置。

　　A. 塑造一家企业　　　　　　　　　B. 塑造一种产品

　　C. 确定目标市场　　　　　　　　　D. 分析竞争对手

8.（　　）是实现市场定位目标的一种手段。

　　A. 产品差异化　　　　　　　　　　B. 市场集中化

　　C. 市场细分化　　　　　　　　　　D. 无差异营销

9. 寻求（　　）是产品差别化战略经常使用的手段。

　　A. 价格优势　　　　B. 良好服务　　　　C. 人才优势　　　　D. 产品特征

10. 重新定位，是对销路少、市场反应差的产品进行（　　）定位。

　　A. 避强　　　　　　B. 对抗性　　　　　C. 竞争性　　　　　D. 二次

11. 市场细分是根据（　　）的差异对市场进行的划分。

　　A. 买方　　　　　　B. 卖方　　　　　　C. 产品　　　　　　D. 中间商

◆ 讨论题

　　林樟兴决定与朋友合伙养殖山鸡。经过信息调查，他发现山鸡肉中的维生素、微量元素、氨基酸及其他一些营养成分较普通鸡肉更高，更符合现代人的口味，具有良好的市场前景。2010 年年初，林樟兴开始寻找合适的养鸡场地，恰逢此时，村里有人想将下坞一片近 5 亩的板栗林及房屋出租。经过实地查看，林樟兴觉得这里养殖用房和养殖林地一应俱全，非常适宜山鸡养殖，便决定租下这片板栗林和房屋。经研究，林樟兴采用生态养殖法，与养殖土鸡的方式不同。山鸡吃着天然的食物，在山坡上奔跑、飞跃，养出的山鸡比家养的土鸡更好吃，更有味，成为林樟兴对外销售山鸡的最大砝码，他的山鸡在市场上十分抢手。

　　"我的山鸡 35 元一斤，略贵于普通家养的土鸡，这对于一些注重农家系列特别是野味的饭店来说，在价格上并没有很大的差别，因此有不少饭店与我建立了合作关系，要我长期为他们供货。"一谈起这些，林樟兴脸上总带着笑容。"经过大半年的放养，第一批山鸡现在已经卖完了，扣除成本，纯利润就达到2 万余元。"他说。

　　山鸡热卖，连带着鸡蛋也跟着走俏。在建立养鸡场之初，林樟兴就特地圈养了 400 多只母鸡用于产蛋，每天能产 20 斤山鸡蛋，往往是鸡刚下完蛋，蛋就被附近村民一抢而空，紧俏时还要提前预约才能买到鸡蛋。良好的市场效益让林樟兴看到了"钱"途。春节临近，他又瞄准了春节市场。"我打算保留大部分第二批山鸡专用于春节销售，我的山鸡能够成为人们送礼的选择之一。"展望未来，林樟兴十分看好自己的养鸡业。"接下来我还要进一步扩大养殖规模，把山鸡推向更远的地区，推向农贸市场，推向超市，我要把养山鸡作为一个产业来发展。"

● 讨论

1. 林樟兴是以什么标准细分市场的？为什么？

2. 林樟兴是以什么为目标市场的？

3. 林樟兴是怎样进行市场定位的？

项目三　农产品市场定位

学习目标

● 知识目标

1. 明确市场定位的定义。

2. 掌握市场定位的方法和程序。

3. 了解市场定位的策略。

● 能力目标

学会市场定位的方法。

● 素质目标

培养稳定起步的经营意识。

案例导入

几近崩溃的松茸产业另辟蹊径

2007 年，日本实施苛刻的检疫标准，加上中国食品安全事件在日本几度曝光，在日本民众间引起了轩然大波，日本民众抵制购买中国食品殃及云南松茸的销售。一时间，云南松茸在日本几乎变成了无人问津的下等货。农民采摘的松茸无人收购，库存大量积压，整个行业陷入崩溃的边缘。松茸产业的衰落深深刺痛了业内的有志者——云南茂晀实业公司和中甸野生食品进出口公司，他们深知，不迎刃而上摆脱困境、寻求营销创新、改善松茸品质，反而一味与竞争对手拼价格，最终难免在竞争中遭遇失败。两家企业充分利用各自的市场营销和松茸制品加工能力之长，强强联合，经过大量的市场调研，将松茸销售瞄准航空食品这一高宣传度、高效益的领域，避开了与众多松茸经营者在日本市场激烈的搏杀，另辟蹊径，开创了云南松茸食品航空销售的领域。企业不仅避开了同行间的残酷竞争，保证了稳定的松茸年销量，而且通过松茸食品在国内外航线的广泛发送，扩大了企业和云南松茸的知名度。在获得的较好经济效益的支撑下，两家公司对扩大云南松茸的销售更加充满信心，进一步加大了对松茸产品的研发和生产技术改造的资金投入。

◆ 启示　现代商品的市场营销，靠的不光是价格的竞争，而是需要具有独到的营销眼光，特别是在同类商品的激烈竞争中，只有善于另辟蹊径者，才能寻找到使企业欣欣向荣的创新之路。

■ 知识储备

一、农产品市场定位的概念

农产品市场定位是指农产品生产经营者根据竞争者现有产品在市场上所处的位置，针对消费者对该产品某种属性或特征的重视程度，强有力地塑造出本企业产品与众不同的鲜明个性或形象，并把这种鲜明个性或形象有效地传递给消费者，从而确定该产品在市场中的适当位置（图 3-9）。

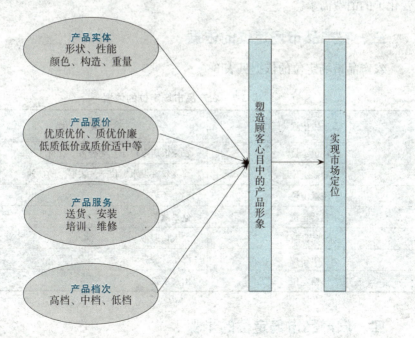

图 3-9　市场定位

农产品市场定位的实质是取得目标市场的竞争优势,确定其产品在顾客心目中的适当位置并留下值得购买的印象,以便吸引更多的顾客。

二、农产品市场定位的作用

1. 针对性更强

通过市场定位,经营者可以对细分市场上的消费需求和竞争状况进行分析比较,了解各细分市场消费者需求的满足程度以及企业自身的优势和劣势,从而采取有针对性的措施。如果认为某细分市场确有开拓价值,就可以动员企业全部力量,以恰当的营销组合策略占领该细分市场,使之成为企业的目标市场。

2. 可充分挖掘市场潜力

进行细分和定位后的市场,其范围大大缩小,服务对象明确而具体。这时,经营者可合理安排营销计划和投入,开展集中有效的营销活动,使市场潜力得到充分挖掘。

3. 可及时调整营销方案

进行细分和市场定位后,由于目标顾客非常明确,信息反馈必然准确而迅速。一旦目标顾客的需求发生变化,经营者可及时调整产品或服务措施,适应变化了的消费需求。

三、农产品市场定位的依据

农产品市场定位的依据见表 3-7。

表 3-7　农产品市场定位的依据

定位依据	实　例
特色定位	农家饭店定位于"无公害"食材
功效定位	海飞丝洗发水定位于"去屑"的功效
质量定位	瑞士手表
利益定位	盆景蔬菜
消费者定位	太太口服液
竞争定位	海尔"服务到永远"
价格定位	山寨手机

四、农产品市场定位的步骤

农产品市场定位的步骤见图 3-10。

图 3-10 农产品市场定位步骤示意

1. 明确自己潜在的竞争优势

营销人员通过营销调研，了解目标顾客对农产品的需要及其欲望的满足程度，了解竞争对手的产品定位情况及其产品的优势和劣势，分析目标顾客期望的利益，从中把握和明确自己的潜在竞争优势。可以通过表 3-8 所列的各个方面来明确自己的潜在优势。

表 3-8 确定竞争对手并进行优势分析

	我的产品或服务	竞争对手甲	竞争对手乙	竞争对手丙
价格				
质量				
分销渠道				
顾客满意度				
员工技术水平				
知名度				
信誉度				
地理位置				
销售策略				
广告				
售后服务				
设备保障				

2. 选择自己的相对竞争优势

与竞争对手从经营管理、人员素质、产销能力、产品属性等进行全方位的比较，准确评估自身实力，明确自己的竞争优势。

3. 通过促销向市场传达自身独特的形象

通过一系列营销工作，把自身独特的竞争优势传达给潜在顾客，并在顾客心目中形成独特的企业及产品形象，同时还应密切关注目标顾客对市场定位理解的偏差，及时矫正与市场定位不一致的形象。

小贴士

农产品市场定位的误区

- **定位过低**　使消费者没有感到有什么特别的地方。
- **定位过高**　使消费者认为是价格极高的东西，不是自己消费得起的。
- **定位混乱**　使消费者印象模糊。
- **定位怀疑**　使消费者在价格、功能、质量上产生不信任的感觉。

五、农产品市场定位的策略

农产品市场定位的核心问题是经营者（或产品）与其他竞争对手的关系问题，其定位方式通常有三种（表3-9）：

表3-9　农产品市场定位策略

定位策略	描　述	条　件	举　例
针锋相对式	把产品定位在与竞争者相似的位置上，同竞争者争夺同一细分市场	1. 产品比竞争者好； 2. 市场容量足够大； 3. 资源实力较竞争者更多	移动与联通的竞争
填补空白式	避开对手，寻找新的空白市场机会	1. 市场上尚有营销机会没有被发现； 2. 别的竞争者虽发现市场但无力占取	汇源果汁——混合果汁，喝前摇一摇
另辟蹊径式	避开竞争对手，扬长避短，在某些有价值的属性上取得领先	1. 自身实力比竞争对手弱； 2. 产品有与众不同之处	五谷道场方便面——非油炸，更健康

当然，农产品生产经营者的市场定位并不是一劳永逸的，而是随着目标市场竞争者状况和企业内部条件变化而变化的。当经营者自身和市场情况发生变化时，都需要对目标市场定位的方向进行调整，使市场定位策略符合发挥自身优势的原则，从而取得良好的营销利润。

 案例分析

◆阅读案例

市场定位准确，娃哈哈营养液大获成功

1987年年初,浙江省杭州市上城区教育局任命宗庆后为校办企业经销

部经理，重整因亏损而停办的经销部，并要求到年底创利 4 万元。结果到年底，创利 30 万元。第二年教育局要求与他签订上缴利润合同，宗庆后欣然同意将 30 万元作为基数，3 年内每年递增 15%。是什么使他获得如此巨大的成功呢？是新产品娃哈哈儿童营养液。

宗庆后上任伊始，就对市场进行了调查。接受调查的 3 006 名小学生中，竟有 1 336 位患有不同程度的营养不良症。而市场上虽然营养液名目繁多，却恰恰缺乏专为儿童设计生产的品种，于是他决定开发儿童营养液。有人提醒他：老牌的、成名的营养液多得很，能竞争过人家吗？再说，只生产儿童营养液，这是自己束缚自己的手脚，自己堵自己的销路，把市场限窄了。宗庆后认为，产品必须要突出个性，没有个性，就不能形成独特的风格，没有独特的风格，谁都能吃，也就谁都可以不吃。至于销路，中国有 3.5 亿儿童，市场大得很，关键看产品是否对路。宗庆后与浙江医科大学朱寿民教授一起研究开发儿童营养液，他们针对儿童营养不良、食欲不佳的状况，以增强食欲、弥补儿童普遍缺乏的营养元素为目标，采用全天然原料，研制成功了口感好、效果佳的产品。有了这样的产品，再加上出色的营销工作，很快就占领了全国的市场。

◆ **分析讨论**

娃哈哈儿童营养液是如何做好市场定位的？

◆ **提示**

1. 调查自身产品和竞争对手产品的优势和劣势。宗庆后在市场调查的基础上，掌握了消费者的需求，发现大多数儿童患有营养不良症，市场上又缺乏专门满足儿童营养需要的营养液，这一产品填补了市场空白。

2. 选择自身相对优势。儿童营养液市场是一个空白，不像成人营养液竞争者众多、竞争激烈，且市场广大。儿童营养液产品市场虽窄，却独具特色。

3. 有了这样的产品，再加上出色的促销宣传工作，娃哈哈儿童营养液很快风靡全国，占领了全国的市场。

杭州娃哈哈儿童营养液厂是在市场调查的基础上，对营养液市场进行了细分，又在市场细分的基础上选择了目标市场，进行了很好的市场定位。由于市场定位准确，该厂经营获得了巨大的成功。

■ 实 训 活 动

选择本地一种特色农产品进行市场定位

◆ 实训目的

掌握市场定位的程序、方法、技巧和重点。

◆ 实训步骤

1. 8 人一组组成模拟公司。

2. 对模拟公司项目进行"SWOT"分析。

3. 设计目标市场进入策略和市场定位方案。

4. 撰写市场定位策划书。

5. 召开模拟新闻发布会，进行交流。

◆ 实训地点与学时分配

1. 地点：营销实训室。

2. 学时：4 课时。

■ 能 力 转 化

1. 查中国市场网，调查网上公布的不同农产品的市场定位情况。

2. 假如你计划在学校周边开一家食品店，请你撰写一份市场细分、目标市场选择、市场定位的策划方案。

单元四

农产品创新策略

随着生活水平的提高，人们对农产品的需求日益多样化、个性化。农业生产经营者必须树立农产品整体概念，加强农产品创新，才能增强农产品的竞争力，提高农产品的附加值。

项目一　农产品创新概述

学习目标

● 知识目标

1. 了解农产品整体概念的定义。

2. 了解农产品创新的途径和方法。

● 能力目标

掌握农产品创新的方法和途径。

● 素质目标

培养创新是农产品营销关键的意识。

案例导入

> **经营之神王永庆的经营之道**
>
> 经营之神王永庆 16 岁的时候，以 200 元钱做本钱，自己开了家小小的米店。他把米中杂物清除，只卖干净的米；他一家家地走访附近的居民，

主动送货上门；同时，他还建立了一个类似现今"客户档案"的东西，哪家有几口人，每天大约要吃多少米，哪家买的米快要吃完了，一一记录在案。为消费者送米时，他总是先掏出陈米、清洗水缸，然后将陈米铺在最上面，让消费者记忆深刻并为之感动。

在20世纪30年代，如此经营理念可谓意识超前、不可思议，王永庆的米店很快超过了同行店家。后来，他又开了一家碾米厂，自己买进稻子碾米出售，将加工链条拉长。同样获利颇丰。

◆ 启示　产品不仅仅只指产品本身，从产品的整体概念而言，还应包括产品的外形、质量、售后服务等。相同的产品，其所附带的价值超过消费者期望的越多，其占有的市场份额也将越大。王永庆销售的农产品是米，其核心层是可以满足人的食欲，其形式是干净的、去除了杂物的米，其附加值就是服务，即送货上门和建立客户档案。

■ 知识储备

任何需要的满足必须依靠适当的产品来获得。消费者购买农产品，一是要其具有实体性，二是要其具有效用性，三是要其具有延伸性，这就是产品的整体性。

一、农产品整体概念

农产品整体概念是指用于满足人们某种欲望和需求的与农产品有关的生产、加工、运输、销售实物、服务、场所、组织、思想等一切有用物。人们通常理解的产品是指具有某种特定物质形状和用途的产品，是看得见、摸得着的，这是一种狭义的看法。在现代市场营销学中，农产品的概念既包括有形的物质产品，即产品实体及其品质、特色、式样、品牌和包装等，也包括无形服务等非物质利益，即可以给买主带来附加利益的心理满足感和信任感的服务、保证、形象和声誉等。

二、农产品整体概念的层次

农产品整体概念包括三个层次，见图4-1。

1. 农产品的核心产品

农产品的核心产品也称"实质产品"，是一个抽象的概念，是指消费者购买某种农产品时所追求的效用，是消费者真正的购买目的所在。如消费者购买鸡蛋，是为了从鸡蛋中获得蛋白质；购买蔬菜、水果是为了获取维生素等。消费者购买的是农产品的营养而不是农产品本身。营销人员的根本任务是向消费者介绍农产品的实际效用。经营者在开发产品、宣传产品时应明确地确定产品

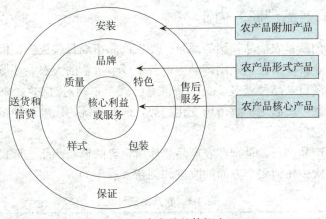

图 4-1　农产品整体概念

能提供的利益，产品才具有吸引力。

2. 农产品的形式产品

农产品的形式产品也叫"有形产品"，是指核心产品借以实现的形式，是能被消费者各感官感知的部分，即向市场提供的农产品实体外观。对于农产品而言，消费者可凭视觉感知，有形产品由此得名。它由五个标志组成，即农产品的质量、特征、形态、品牌和包装。由于产品的基本效用必须通过特定形式才能实现，经营者要在着眼于满足消费者需求的基础上，还应努力寻求更加完善的外在形式以满足消费者的需要。如五彩辣椒、樱桃番茄，这些农产品在外观、形状等方面进行创新，打破了人们对传统农产品的认识，深受消费者欢迎，尽管价格高但销售却很好。

3. 农产品的附加产品

农产品的附加产品也称"延伸产品"，是指消费者在取得农产品或使用农产品过程中所能获得的形式产品以外的利益，它包括提供农产品的信贷、免费送货、保证售后服务、农产品知识介绍、种子栽培技术指导等，如农民购买大型农资设备可以申请贷款。美国学者西奥多·莱维特指出："新的竞争不是发生在各个公司的工厂生产什么产品，而是发生在其产品能提供何种附加利益，如包装、服务、广告、消费者咨询、融资、送货、仓储及具有其他价值的形式。"

农产品整体概念以消费者基本利益为核心，指导整个市场营销管理活动，是农产品生产经营企业贯彻市场营销观念的基础。这一概念的内涵和处延都是以消费者需求为标准的，由消费者的需求来决定。首先，消费者购买农产品追求的核心利益是能够买到营养价值高、口感味道好、卫生安全性强以及无污染的优质绿色产品。其次，农产品的质量、特性、包装、品牌等形式特征也是农产品能否畅销的重要因素。最后，良好的服务是整体产品中日益重要的一部分。

三、农产品创新的内涵

农产品创新是农产品畅销的源泉。在农产品市场日趋成熟、信息化程度不断提高、农业科技渗透到农副产品生产各个环节等新的大农业环境下，市场上农产品琳琅满目，品种繁多，农产品供应已处于"相对过剩"。要想解决农产品卖难的问题，就必须了解市场变化趋势，改变传统的思维和种植习惯，不断进行农产品创新。

所谓农产品创新，是指在农产品整体所包含的核心产品、形式产品和附加产品三个层次中任何一个方面的改进和创新（表4-1）。

表4-1 农产品三层次

农产品层次	描　述	创新方向
第一层次（核心产品）	产品的功能、作用等基本效用	改进农产品品质、口味、作用
第二层次（形式产品）	产品的品牌、包装、外观、式样	改变农产品形状、大小、颜色、包装、品牌
第三层次（附加产品）	附加利益，如送、安装、维修	改进农产品服务

由此可知，创新即开发新的产品，但新的产品不一定都是新发明的、从未出现过的产品。消费者的需求是农产品生产经营者的出发点、中心点和归宿点。只要是消费者需要的，消费者喜欢的，就是农业生产经营者应该努力创新的方向。创新产品可分为全新产品、革新产品、改进产品和新牌子产品。

四、农产品创新的方法

根据农产品整体概念的三个层次，农产品的创新可从以下几个方面进行（表4-2）：

表4-2 农产品创新方法

创新方向	描　述	实　例
功能上创新	保健型农产品	小型红南瓜可增强胃肠蠕动、减轻脑血管硬化；红扁豆和四棱豆可帮助胃肠消化，清热祛湿；紫红薯可滋补强身、增强免疫力
形式上创新	特型农产品（农产品外形、包装）	方形西瓜、"长"图案或字的苹果、黑色的西红柿、绿皮鸡蛋、盆景果、迷你黄瓜、袖珍西瓜、樱桃番茄等
	优质农产品	"咯咯哒"鸡蛋、"维维"豆奶、"鲁花"花生油、"洽洽"瓜子
服务上创新	提供产品之外的服务，使消费者觉得物超所值	蔬菜水果分级或洗净再卖；帮消费者送货上门；帮消费者妥善包装；记住消费者的喜好

五、农产品创新策略

农产品创新策略见表 4-3。

表 4-3　农产品创新策略

创新策略	描　　述
优质化策略	优质优价。引进、选育和推广优质农产品，以质取胜，以优发财
多样化策略	多品种、多规格、小批量、大规模。满足多层次的消费需求，开发全方位的市场，化解市场风险，提高综合效益
错季化策略	反季节供给高差价赚取。实行反季节供给，主要有三条途径。一是实行设施化种养，使产品提前上市。二是通过贮藏保鲜，延长农产品销售期，变生产旺季销售为生产淡季销售或消费旺季销售。三是开发适应不同季节生产的品种，实行多品种错季生产上市
净菜化策略	半成品净菜、半成品家禽越来越受欢迎，而且价值较高，市场空间很大
自然化策略	回归自然，搞好地方传统土特产品的开发，发展品质优良、风味独特的土特产品，以新、特、优产品抢占市场，开拓市场，不断适应变化着的市场需求
绿色化策略	绿色农产品不仅有利于健康，还能改善生态环境，应大力发展绿色无公害蔬菜、粮食、水产品和畜禽产品
品牌化策略	树立品牌意识，一是以质创牌，二是以面树牌，三是以名创牌，四是以势创牌，要以名牌产品开拓市场

案例分析

◆ 阅读案例

盆栽水果受青睐

北京平谷区南独乐河镇新农村的农民宋华兴多年来一直在自家承包的果园里探索北方常见水果矮化盆栽技术，先后成功进行了苹果、大桃、梨、山楂、葡萄、大枣等 10 余种水果的盆景化种植，已培育盆栽水果 4 万余盆，被当地人称为"盆栽王"。在 2009 年，在北京农学院董清华教授的技术支持下，宋华兴成功地实现了盆栽苹果树上花果同株。

把常见的果树栽植在花盆里，这是一个创举。这种盆栽植物，不仅可以节省土地资源，方便移动，还能给居家生活增添绿色情趣，城里人都喜欢把它放在家里养，作为盆景来观赏，既能吃又能看，一举两得。小型果树实现花果同株，更是受到消费者青睐。

◆ **分析讨论**

宋华兴的水果矮化盆栽是从什么角度对产品进行的创新？

◆ **提示**

将果树种在花盆里是一个创举。这种盆栽植物节省了土地资源，方便移动，还可作为盆景观赏，花果同株，既能吃也能看，体现了其与众不同的特点。所以该产品是从产品形式上进行了创新。

■ 实训活动

为本地特色农产品寻找创新思路

◆ **实训目的**

1. 了解产品整体概念的内涵。

2. 掌握农产品创新的途径和基本方法。

◆ **实训步骤**

1. 以 5～8 人为一组形成调研项目小组。

2. 学生列举本地特色农产品，由教师确认为每一组选择一种样品为调研样本。

3. 根据整体概念的内涵，针对样本了解所调研产品的整体情况，各小组对样本农产品开展调研。

4. 根据调研结果，针对该农产品的竞争和营销现状提出改进方案。

◆ **实训地点与学时分配**

1. 地点：营销实训室、附近农贸市场。

2. 学时：两天。

■ 能力转化

◆ **选择题**

1. 人们购买空调所获得的核心产品是（　　）。

   A. 空调机　　　　　　　　B. 制造新鲜空气

   C. 购买心理因素　　　　　D. 升降温度

2. 产品在市场上出现的具体物质外形，是（　　）。

   A. 核心产品　　　　　　　B. 有形产品

        C. 附加产品   D. 心理产品

3. 产品式样属于产品整体概念中的（   ）。

        A. 实体产品   B. 核心利益

        C. 基础形式   D. 附加利益

4. 市场营销中的农产品概念包括（   ）。

        A. 核心产品   B. 有形产品

        C. 附加产品   D. 以上都是

5. 包装好的干净的大葱属于农产品整体概念中的（   ）。

        A. 核心产品   B. 有形产品

        C. 附加产品   D. 以上都是

6. 小王不仅卖的西瓜又大又甜，还给顾客送到家，这是属于营销观念中的（   ）。

        A. 核心产品   B. 有形产品

        C. 附加产品   D. 都不是

◆ **讨论题**

    每年春天，北京平谷 22 万亩桃园化作一片桃花海。为保证果品质量，大部分的花朵被果农摘掉。2006 年 5 月，平谷桃农第一次从桃花上挣到了钱：1 千克鲜桃花能卖到 10 元左右，而 1 千克干桃花能卖到 80 元。收购花瓣的是落户平谷的北京健康产业中试与孵化中心，他们看中的是桃花中富含的营养元素。过去"化作春泥"的桃花，现在成了助人养颜的保健品。通过采取超临界萃取等 20 多项高新技术，开发了酒、茶、精油、保健品、调味品和食品添加剂等上百种桃花产品。其中，桃花精油每千克售价高达 4 万～6 万元，从桃花渣中提取的被称为第七大营养素的膳食纤维，每千克售价上万元。

            （资料来源：天津农业信息网，2009 年 12 月 21 日）

    ● 讨论 桃花为什么卖得比桃还贵？试从产品整体概念角度分析桃花产品的创新。

项目二   农产品品牌创新策略

学习目标

    ● 知识目标

1. 了解农产品品牌的重要作用。

2. 了解创立农产品品牌的策略。

● 能力目标

掌握品牌命名的规则，学会命名品牌。

● 素质目标

树立品牌观念，培养品牌意识。

■ 案例导入

奉化农产品的品牌战略

浙江省奉化市狠抓特色农产品质量，走精品生产之路。该市成立了12个农产品科技协会，运用先进技术，对农产品实行品种改良，生产中严格按标准栽培管理。奉化水蜜桃、芋艿头等20多种农产品生产的全过程都纳入了标准化管理轨道，保证了产品质量。在抓好质量的同时，奉化积极为农产品注册商标，创立品牌，为水蜜桃、茶叶、芋艿头等20多种农产品注册了"锦屏山""雪窦山""罗汉"等76个商标。

奉化还注重培养农民品牌意识。该市结合世贸组织规则，通过举办培训班、进村辅导等方法，为农民讲解"WTO关于商标法保护的规定和我国加入世贸组织的相关承诺"，并全面推行适应国际市场需求的商标使用、产品包装、成分含量等相关规定。

农产品品牌战略的实施，使奉化20多种农产品进入了欧美、日本、韩国等20多个国家和地区。

◆启示 品牌是一种无形资产，谁拥有了著名品牌，谁就等于掌握了"点金术"。奉化市从当地特色农产品入手，通过培训不断提升农产品生产经营者的品牌意识，依靠科技进行品种改良，种植实现标准化，提升了农产品质量，并积极进行了农产品商标注册，树立了品牌，拓开了市场。

■ 知识储备

随着人们生活水平的提高，人们对农产品品种、花色、质量都提出了新的要求，特别是对名牌农产品产生了强烈的心理偏好，名、优、新、特、稀农产品成为消费热点，标志着农产品消费开始步入品牌消费时代。

2012年中国十大农产品区域公用品牌价值见表4-4。

表 4-4　2012 年中国十大农产品区域公用品牌价值

单位：亿元

排名	品牌名称	品牌价值
1	寒地黑土	123.97
2	涪陵榨菜	123.57
3	烟台苹果	91.47
4	兰西亚麻	84.76
5	余姚榨菜	57.44
6	西湖龙井	52.66
7	安溪铁观音	52.04
8	五常大米	49.48
9	普洱茶	47.14
10	威海刺参	46.89

一、农产品品牌的概念

农产品品牌就是农业生产经营者给自己提供的产品或服务规定的商业名称，通常由文字、图形、字母、数字、色彩等组成。其目的是用以辨认某个经营者的产品或服务，并使之与竞争对手的产品或服务相区别。

图 4-2　品牌的构成

品牌是一个集合概念，它包括品牌名称、品牌标志、商标等部分（图4-2）。

品牌名称是指品牌中可以用语言称呼表达或发出声音的部分，如蒙牛、伊利、三元都是我国牛奶著名品牌的名称。

品牌标志是指品牌中可以识别但不能用语言表达的部分，常用图案、符号、色彩来表示，如奥迪的标志就是四个连环圆圈。

商标是受法律保护的一个品牌或品牌的一部分。品牌可以和商标相同，也可以不同（图4-3、图4-4）。

图 4-3　水塔牌老陈醋商标

图 4-4　完达山牛奶商标

■ 拓展阅读

蒙牛的标志

　　蒙牛在标志设计定位上，首先确定标志的地域特征，其次是牛的特征。地域特征就是内蒙古绿色的大草原，根据这两个特征，用一个类似圆形图案代表牛角，以牛角来象征牛，这个图形又似一个月牙状，代表蒙牛产品是清真类的奶制品，牛角下面是用毛笔画出来的图案，有很强的运动感，代表蒙牛是一头奔跑着的"猛牛"，这一笔赋予企业标志无限的生命活力。标志整体采用纯净的绿色，象征着纯净的无污染的内蒙古大草原。

二、农产品品牌的作用

1. 对消费者的作用

　　（1）品牌有利于消费者有效地识别并购买商品，从而大大降低消费者的信息收集成本和选择成本。互不相同的品牌各自代表着不同的形式、不同质量、不同服务的产品，可为消费者购买、使用提供借鉴。

　　（2）借助品牌，消费者可以联系重复购买，更可以得到相应的服务便利。如人们怕上"火"就喝王老吉，想"润一润"就喝露露。

　　（3）品牌可以有效地维护消费者的利益。品牌代表企业，在更好地满足消费者需求的同时，也为消费者维护权益提供了方便。

　　（4）好的品牌能满足消费者的精神需求。

2. 对经营者的作用

　　（1）有利于促进产品销售，增加经营者利润。企业可以为品牌制定相对较高的价格，获得较高的利润。

　　（2）获得法律保护。品牌注册为商标后，商标所有权人就具有了品牌的专有使用权，该权利是排他的，受法律保护。

　　（3）有利于监督产品的质量。消费者对于品牌农产品能追溯来源，将对产品的意见直接反映给经营者，从而督促经营者提高农产品质量。

　　（4）品牌可以超越产品的生命周期，是一种无形资产。它本身也可以作为商品参与市场交易。

三、农产品品牌的创立

品牌是企业的重要无形资产，代表着企业的信誉，可为企业培养出重要的客户群，并给企业带来良好的经济效益。我国农产品品牌数量很少，更不用说是名牌农产品，大多数企业没有研发能力、没有核心技术和自主知识产权，有自主品牌的也是凤毛麟角，主要靠贴牌生产，没有定价权和议价能力，没有市场主导权，无法形成市场垄断和技术垄断。因而，创立农产品品牌难度很大。

创立品牌的基本步骤见图4-5。

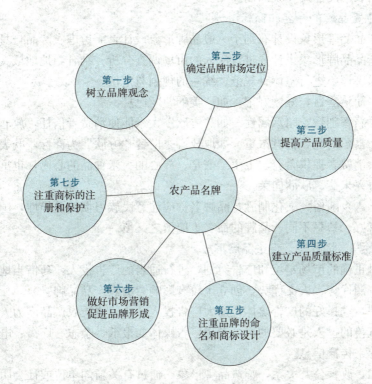

图 4-5　创立品牌的基本步骤

1. 树立品牌观念

农产品经营者要更新思想，转变观念，努力适应新形势下人们对产品的需要，掌握现代城市人的消费观念，向高层次、高起点迈进。因而要走产品要精、包装要美、品牌要响的路子，以优质优价的产品来满足社会各个阶层的消费需求。

2. 确定品牌的市场定位

由于农产品个体差异性大，单位个体利润较低，所以必须通过扩大销量带来利润的增加，目标市场可定位在中型城市的中档收入阶层，以提升市场占有率。

3. 提高产品质量

产品质量是品牌的基石。没有过硬的产品质量，品牌就成了无水之源，无木之本。不遗余力的提高农产品的质量，这是打造农产品品牌最关键的一步。

4. 建立产品质量标准

没有农业标准化管理，农产品的生产和加工就难以规范化，质量的稳定性就得不到保证，无法形成较强的市场竞争力。谁能够抢先树立行业标准，谁就能够抢占农产品品牌建设的制高点。

5. 注重品牌的命名和商标设计

农产品品牌形象设计有别于一般品牌形象设计，需考虑农产品自身的特殊性。农产品品牌形象设计要进行深入的市场调查分析，结合当地地域文化，对农产品品牌形象进行整体、规范、统一的规划与定位。

（1）简洁醒目，好读好记。如"美的""红豆"。

（2）新颖别致，暗示属性。如"方欣"大米能使消费者信任，放心购买！

（3）富蕴内涵，情意浓重。如取放心之谐音"方欣"为商标，既表达了公司向广大消费者提供营养、卫生、安全、放心的大米食品的心愿，也寓意着公司事业方兴未艾、欣欣向荣。

（4）入乡随俗，文化制胜，品牌名称应注意民族习惯的差异性，国内外各地区的喜好、禁忌不同，品牌的命名更应慎之又慎。

6. 做好市场营销，促进品牌形成

通过正确的市场定位和广告策划，进行适当的广告投入，巧借当地的地理优势、资源优势、人文优势，创立出较有影响力的农产品品牌。

第一，选择好的广告媒体，加大广告投入。要使优质农产品广为人知，加大广告宣传的投入是必要的。可利用广告媒体如报纸、杂志、广播、电视和户外路牌等来传播信息。

第二，改善公共关系，塑造品牌形象。通过有关新闻单位或社会团体，无偿地向社会公众宣传、提供信息，从而间接地促销产品，这就是公共关系促销。

第三，注重产品包装，抬升产品身价。精美的包装是一个优秀的"无声推销员"，能引起消费者的注意，在一定程度上激起购买欲望，同时还能够在消费者心目中树立起良好的形象，抬升产品的身价。

7. 积极进行农产品商标的注册和保护

农业生产经营者要在工商行政管理机关的帮助指导下，熟练地运用商标策略创立农产品名牌，进而开拓并占领市场。商标已成为参与市场竞争的锐利武器。注册商标是农产品取得法律保护地位的唯一途径。

四、农产品品牌经营的四个阶段

品牌建设是一个长期的过程,绝非一朝一夕之事。知名度不是品牌。真正优秀的品牌都走过了几十年甚至上百年的道路,所以,打造品牌要有耐心,扎扎实实地提高产品质量,充分满足消费者的需求,给他们提供物超所值的产品和服务,不断提高他们的满意度,品牌就自然而然地建立起来。品牌经营的四个阶段见图4-6。

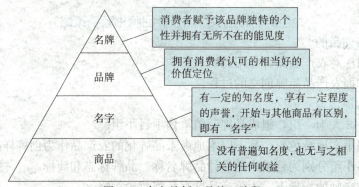

图4-6　农产品创立品牌四阶段

案例分析

◆ 阅读案例

"寿绿"牌茴子白走上国际盛会的餐桌

山西省著名的"寿绿"牌茴子白成为上海世博会的特供蔬菜,这也是继成功入选2008年奥运会特供蔬菜之后,"寿绿"商标再次与国际大型活动结缘。据了解,山西省寿阳县这次被列入上海世博会特供蔬菜的品种为茴子白,供应时间从6月20日开始至10月31日结束。世博会期间,将有2亿千克"寿绿"牌茴子白从寿阳田间直达国际盛会的餐桌。

◆ 分析讨论

普普通通的茴子白何以吸引众客商的眼球?

◆ 提示

"寿绿"品牌使茴子白吸引了众客商的眼球。随着人们生活水平的提高,其消费行为发生了显著变化。不再满足于吃饱穿暖,而是追求能获得优质生活质量的安全产品和精神享受。因此对农产品品种、花色、质量都提出了新要求,而名牌产品将以上要素综合到品牌当中,减少了人们在庞杂的信息中进行选择的困扰，满足了人们的需求，所以人们对名牌农产品产生了强烈的心理偏好。2000 年寿阳县注册了"寿绿"牌苣子白商标，品牌效应极大地拉动了寿阳县蔬菜产业的发展。

■ 实训活动

为当地的特色农产品设计品牌化营销策略

◆ **实训目的**

1. 加深对农产品品牌作用的认识。

2. 掌握农产品品牌创立的过程。

◆ **实训步骤**

1. 5～8 人为一组，组成品牌营销策划项目小组。

2. 列举本地特色农产品，以本地尚未品牌化的农产品作为创牌样品。

3. 各小组分别为营销产品设计品牌名称、品牌标志和商标。

4. 在老师的指导下，为该产品撰写品牌营销策略。

◆ **实训地点与学时分配**

1. 地点：营销实训室。

2. 学时：4 课时。

■ 能力转化

◆ **选择题**

1. 品牌最基本的含义是品牌代表着特定的（　　）。

    A. 消费者类型　　　　　　　　B. 文化

    C. 利益　　　　　　　　　　　D. 商品属性

2. 品牌有利于企业实施（　　）战略。

    A. 市场竞争　　　　　　　　　B. 市场细分

    C. CI　　　　　　　　　　　　D. 市场选择

3. 品牌有利于保护（　　）的合法权益。

    A. 商品所有者　　　　　　　　B. 生产商

    C. 品牌所有者　　　　　　　　D. 经销商

4. 品牌中可以用语言称呼即能发出声音的部分是（　　）。

    A. 厂牌　　　　　　　　　　　B. 品牌名称

    C. 品牌标记　　　　　　　　　D. 商标

5. 品牌资产是一种特殊的（　　）。

A. 无形资产　　　　　　　　B. 有形资产

C. 潜在资产　　　　　　　　D. 固定资产

6. 消费者对品牌的忠诚程度，在市场细分变量中属于（　　）。

A. 心理细分　　　　　　　　B. 行为细分

C. 人口细分　　　　　　　　D. 地理细分

◆ **实践题**

查阅当地著名农产品品牌标志并加以说明。

项目三　农产品包装创新策略

学习目标

● 知识目标

1. 了解农产品包装的重要作用。

2. 了解创立农产品包装的原则和策略。

● 能力目标

学会使用包装提升农产品价值。

● 素质目标

培养包装也是品牌重要组成部分的意识。

案例导入

美国"新骑士"橙打败中国国产橙

美国的"新骑士"橙无论是果形还是口味远远比不上我国某地产的橙子，但经过挑选、包装的"新骑士"橙金光灿灿、油光发亮，且保鲜时间长，果形一致，再贴上醒目的小标签，受到顾客的追捧。而我国产的橙子却在丰收季节堆放在路边风吹日晒，令人惋惜。

◆ **启示**　人靠衣装，物靠包装。将农产品推向市场之前，把农产品打扮包装好十分重要。包装是现代产品重要的组成部分，是产品进入市场之前的最后一道工序。包装可以保护商品、方便流通、宣传商品、增强产品美感，美国的"新骑士"橙就是通过精美包装改变了消费者的需求偏好，增加了销量和市场占有率。

■■ 知识储备

一、农产品包装的概念

农产品包装是对即将进入或已经进入流通领域的农产品或农产品加工品采用一定的容器或材料加以保护和装饰。农产品包装包括商标或品牌、形状、颜色、图案和材料、标签等要素。农产品包装主要包括两个层次：

1. 运输包装

运输包装又称大包装、外包装。它是将货物装入特定容器，或以特定方式成件或成箱的包装（图4-7）。其作用：一是保护货物在长时间和远距离的运输过程中不被损坏和散失；二是方便货物搬运、贮存和运输。

（1）单件运输包装。是指农产品在运输、装卸、贮存中作为一个计件单位的包装，如纸箱、木箱、铁桶、纸袋、麻袋等。

图 4-7　国泰榨菜外包装

（2）集合运输包装。是指将一定数量的单件包装组合成一件大的包装或装入一个大的包装容器内，包括托盘、集装袋等。

2. 销售包装

销售包装又称小包装、内包装或直接包装，是指产品以适当的材料或容器所进行的初次包装（图4-8）。销售包装除了保护农产品的品质外，还有美化农产品，宣传推广，便于陈列展销，吸引消费者和方便消费者识别、选购、携带和使用，从而能起到促进销售产品价值的作用。

图 4-8　汇源果汁销售包装

二、农产品包装的作用

农产品包装的作用见图 4-9。

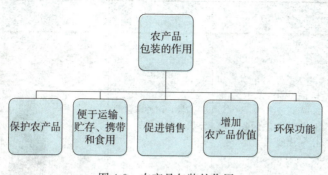

图 4-9　农产品包装的作用

三、农产品包装材料

农产品包装材料指用于制造农产品包装容器和构成产品包装的材料（表4-5）。

表 4-5　农产品包装材料

材料类型	优　点	缺　点	图　示
塑料包装	1. 原材料丰富； 2. 成本低廉； 3. 性能优良； 4. 质轻美观	某些品种存在着卫生安全方面的问题，包装废弃物的回收处理存在环境的污染问题	
纸包装	1. 有效的保护； 2. 结构多变； 3. 印刷性能优； 4. 占用空间小； 5. 成本低廉； 6. 不污染环境； 7. 可制成复合材料	材料封口较困难，受潮后牢度会下降，受外力作用易破裂	

（续）

材料类型	优　　点	缺　　点	图　　示
玻璃包装	1. 高阻隔； 2. 光亮透明； 3. 化学稳定性好； 4. 易成型	脆性，耐冲击强度不大，重量大	
金属包装	1. 机械性能好； 2. 阻隔性优异； 3. 自动化生产； 4. 装潢精美； 5. 形状多样； 6. 资源丰富； 7. 易回收	化学稳定性差、加工工艺复杂、相对成本较高、较重	
陶瓷包装	1. 原料丰富； 2. 成型加工简单； 3. 耐火、耐热、耐药性好； 4. 可重复使用	重量大、易破碎且不透明	

四、农产品包装设计要求

1. 农产品包装的设计内容

（1）包装材料的选择。一要考虑方便用户使用，二要考虑节省包装费用，三是外观装饰要考虑符合人们的审美情趣，四是包装材料的选用要考虑有利于环保。

（2）包装标签的设计。包装标签是指附着或系挂在商品销售包装上的文字、图形、雕刻及印制的说明。一般应包括制造者或销售者的名称和地址、商品名称、商标、成分、品质特点、包装内商品数量、使用方法及用量、编号、贮藏应注意的事项、质检号、生产日期和有效期等内容（图4-10）。

图4-10　农产品包装标签图例

（3）包装标志的设计。包装标志是在运输包装的外部印制的图形、文字和数字以及它们的组合。一般主要有运输标志、指示性标志、警告性标志三种。

运输标志，即唛头。一般由一个简单的几何图形以及字母、数字等组成。唛头的内容包括：目的地名称或代号，收货人或发货人的代用简字或代号、件号（即每件标明该批货物的总件数），体积（长×宽×高），重量（毛重、净重、皮重）以及生产国家或地区等（图4-11）。

图4-11　农产品包装运输标志图例

指示性标志。按商品的特点，对于易碎、需防湿、防颠倒等商品，在包装上用醒目图形或文字（图4-12）标明"小心轻放""防潮湿""此端向上"等。

2. 农产品包装设计原则

（1）注重功能。包装应方便于农产品的运输和保管；方便商店的陈列和销售；还应便于消费者选购、携带、使用和保存，适应不同消费者的需要，应有不同规格和分量的包装。

（2）安全卫生。包装要注意保护消费者的安全和卫生，如各种杀虫剂要采用安全型包装。

（3）突出特色。包装应力求新颖别致、美观大方，而不应流俗模仿，一味

图 4-12　农产品包装指示性标志图例

模仿名牌，毫无创意和特色。

（4）表里如一。包装的外形、规格、分量等必须与农产品实际相一致，不应使顾客产生误解。包装也要与农产品的档次和价值相一致，贵重的高档产品或礼品包装，要华丽高雅，增加产品的价值感。

（5）入乡随俗。不同的国家和地区有不同的风俗习惯和价值观念，包装要注意消费者的喜好和禁忌，从而赢得消费者的认可。

五、农产品包装策略

1. 类似包装策略

农业生产经营者在其所生产经营的所有产品的包装上都采取相同或相近的图案、色彩等共同的特征，使消费者通过类似的包装联想起这些产品是同一企业的产品，具有同样的质量水平（图 4-13）。

图 4-13　类似包装

类似包装策略将这些单个包装摆放在一起，形成一个阵容强大的产品大家族，形成一个包装系列，能给消费者留下深刻的印象，可以明显提高商品的形象效应。既节省了包装费用，又壮大了企业声势，也为新产品上市提供了便利。

2. 等级包装策略

按照农产品的质量、价值分成等级，不同等级采用不同的包装，同等级产品采用相同的包装（图 4-14）。不同等级产品包装有各自的特点，易于区分，使消费者根据包装就可选择商品，但包装设计成本较高。质量越高，价值越大，包装越精美。如将苹果按大小、色泽分级。

等级包装策略应注意把本企业的商品同时与市场上同类、同值商品作比较，以正确地决定等级之间的差异程度。

3. 分类包装策略

分类包装策略是根据消费者购买目的不同，对同一种农产品采用不同的包装（图4-15）。分类包装策略适应不同需求层次消费者的购买心理，便于消费者识别、选购商品，从而有利于全面扩大销售。

4. 配套包装策略

配套包装策略是农产品生产经营者根据消费者的消费习惯，将数种有关联的产品配套包装在一起成套供应，便于消费者购买、使用和携带，同时还可降低包装成本，扩大产品销售（图4-16）。配套包装也是根据消费者的购物心理特点，诱发消费者的购买欲望，从而扩大商品销售。如将各种风味的糕点装在一个别致的包装盒内，不仅外形设计美观大方，还便于消费者品尝不同风味的糕点，同时方便携带，充分满足消费者的要求。

5. 再使用包装策略

再使用包装指原包装的商品用完后，包装容器可转做它用的策略，又称"双重用途包装策略"（图4-17）。再使用包装可分为复用包装和多用途包装。复用包装可以回收再使用，可以大幅度降低包装费用，节省开支，加速和促进商品的周转，减少环境污染。多用途包装在商品使用后，其包装物还可以有其他用途。如罐头瓶还可以当水杯用，饼干盒可当纸抽盒用。

图4-14 等级包装

图4-15 分类包装

图4-16 配套包装

图4-17 再使用包装

6. 附赠品包装策略

赠品包装策略的主要方法是在包装物中附赠一些物品，从而引起消费者的购买兴趣，有时，还能造成顾客重复购买的意愿（图 4-18）。如食品中附玩具，饮料包装中送杯子等。赠品可放于包装内、包装上或者在购买时附赠。

图 4-18　赠品包装

图 4-19　更新包装

7. 更新包装策略

更新包装策略是指农产品生产经营企业随着市场需求的变化而改变原先包装的做法（图 4-19）。一种包装策略无效，依消费者的要求更换包装，实施新的包装策略，可以改变商品在消费者心目中的地位，进而收到迅速恢复企业声誉之佳效。

拓展阅读

水果包装应不断创新

目前，各类水果包装都有所改进。但是水果包装绝大部分仍然是用塑料袋和纸箱来包装，又粗又笨，没有特色，没有创新，已经无法适应市场发展的需求。为规范水果市场，创立自己的水果品牌，水果包装应不断创新。

1. 品牌化　为水果进行商标注册，并注意在用塑料袋、纸箱包装时，印上注册商标。

2. 礼品化　水果特别是一些优质水果已经成为人们交往时的重要礼品，推出水果的礼品化包装时机已经成熟。

3. 绿色化　有关资料显示，未来 10 年内"绿色"水果将主导世界水果市场，而良好且又符合标准的"绿色"包装则是进入国际市场的有效通行证，对于塑造"绿色"水果品牌、保证"绿色"水果质量将起着决定性的作用。

4. 保鲜化 水果包装除了要求贮运方便外，保鲜也是要重点考虑的因素。美国的水果经包装保鲜后可增值2.3倍，日本的水果包装后可增值1.8倍，而我国的水果包装后增值仅0.4倍，可见我国有必要加大包装保鲜中的科技含量。

5. 说明化 水果说明非常必要，比如要说明水果的地域特色、营养成分，还应说明如何保存，什么人群宜多吃、什么人群不宜吃；更要说明原产地的自然环境、行车路线以及联系方式等。总之，一张说明书可增进农产品经营者与客户之间的联系，非常重要。

案例分析

◆ **阅读案例**

小虎队旋风卡送康师傅方便面进千家万户

康师傅方便面的包装内曾经附有小虎队旋风卡，每包方便面中都放有一张不同的旋风卡，如宝贝虎、机灵虎、冲天虎、旋风虎、勇士虎、霹雳虎等，让孩子们爱不释手。渴望拥有整套旋风卡，只得经常购买附有这种卡片的方便面。一时间，鸡汁味、咖喱味、麻辣味、牛排味、海鲜味等味道各异的康师傅方便面，随着各种五彩缤纷的旋风卡走进了千家万户。

◆ **分析讨论**

1. 包装的基本策略有哪些？
2. 康师傅方便面采取的是哪种包装策略？采取这种策略有什么好处？

◆ **提示**

1. 类似包装、等级包装、分类包装配套包装、再使用包装、附赠品包装、更新包装等策略。
2. 康师傅采取了附赠品包装策略，使消费者感到有意外的收获，能引起消费者的购买兴趣，刺激消费者重复购买。

实训活动

为本地特色农产品设计新包装

◆ **实训目的**

1. 加深对包装构成的认识和了解包装对商品营销的重要作用。

2. 了解常用的包装材料。

◆ **实训步骤**

1. 以太原市阳曲县所产小米为样本，调查了解其目前所用的包装。

2. 评价该农产品的现有销售包装。

3. 制定新的包装策略，为该产品设计新包装。

◆ **实训地点与学时分配**

1. 地点：营销实训室，附近农贸市场。

2. 学时：10课时。

能力转化

◆ **选择题**

1. 商品包装包括若干个因素，（　　）是最主要的构成要素，应在包装整体上占据突出的位置。

　　A. 商标或品牌　　　　　　　　B. 图案

　　C. 包装材料　　　　　　　　　D. 形状

2. 附着或系挂在商品销售包装上的文字、图形、雕刻及印制的说明是（　　）。

　　A. 商品说明　　　　　　　　　B. 包装标签

　　C. 运输标志　　　　　　　　　D. 包装标志

3. 为了使包装成为激发顾客购买欲望的主要诱因，客观要求在包装设计中注重（　　）。

　　A. 差异性　　　　　　　　　　B. 安全性

　　C. 便利性　　　　　　　　　　D. 艺术性

4. 三叉星圆环是奔驰的（　　）。

　　A. 品牌名称　　　　　　　　　B. 品牌标志

　　C. 品牌象征　　　　　　　　　D. 品牌图案

5. 包装的最基本作用是（　　）。

　　A. 保护商品　　　　　　　　　B. 便于使用

　　C. 促进销售　　　　　　　　　D. 增加利润

6. 白酒的酒瓶属于（　　）。

　　A. 运输包装　　　　　　　　　B. 销售包装

7. 对于生产经营不同质量等级产品的企业，应采用（　　）包装策略。

　　A. 类似　　　　　　　　　　　B. 等级

　　C. 配套　　　　　　　　　　　D. 再使用

8. 在应用（　　　）时，必须注意市场需求的具体特点、消费者的购买能力和产品本身的关联程度大小。

  A. 更新包装策略   B. 附赠品包装策略

  C. 配套包装策略   D. 再使用包装策略

9. 牙膏皮、啤酒瓶属于（　　　）。

  A. 第一层（内）包装   B. 第二层（商业）包装

  C. 第三层（装运）包装   D. 标签包装

10. 销售牛奶时，买整箱送奶杯属于（　　　）。

  A. 更新包装策略   B. 附赠品包装策略

  C. 配套包装策略   D. 再使用包装策略

11. （　　　）是品牌中的可以用语言表达的部分。

  A. 品牌标志   B. 服务标志

  C. 商标   D. 品牌名称

12. 纸包装、木包装、塑料包装等是按包装的（　　　）进行分类的。

  A. 产品性质   B. 商品内容

  C. 材料   D. 形态

◆ 讨论题

  河南洛阳春都集团的前身是洛阳肉联厂，该厂通过引进国外的设备和包装材料，研制开发了"春都"火腿肠系列产品，迅速打响品牌，畅销全国，并在河南形成了一个产业。之后，又利用国外资金和设备迅速扩大规模，使火腿肠生产能力由几百吨发展到 20 万吨，成为世界上最大的火腿肠生产基地，产品覆盖了国内主要市场。

  春都的前身洛阳肉联厂几十年来一直以经营冻猪肉为主，1985 年国家开放生猪市场后，他们分析肉类加工与肉食加工代表了肉类产品的两个市场。前者是已被人占领的初级市场，后者是还没有开拓的深加工市场。特别是随着人们生活节奏的加快，后一类市场正在扩大，谁抓住了这个市场，谁就可能在中国肉食品行业中独领风骚。

  发现这一市场后，他们又通过市场调查了解到，随着生活水平的提高和生活节奏的加快，人们不仅要吃瘦肉，而且要求口味鲜美、容易保质储存的肉制品。当时多家竞争对手从日本引进火腿肠罐装设备，主要用于处理出口分割肉剩下的大量肥膘，以 40％肥肉加 20％淀粉为原料生产火腿肠，不久就倒了牌子。春都意识到这是个极好的时机，于是借国际食品机械博览会在郑州举办的机遇，斥资 100 万元，将参展的两台火腿肠罐装样机中的一台买下。经过技术工艺上的刻苦攻关和选料配方上的反复试验筛选后，充分利用进口包装材料保质期长的优势，创造出"85％的瘦肉加常温条件下3个月以上的保质期"这一富有开创性的中国式火腿肠产品质量标准，研制开发成功色香味浓的"春都"牌火腿肠。

光有了好的产品还不行，还要靠好的包装。春都火腿肠的包装材料 PVDC（隔氧高效无毒薄膜）是个高科技产品，能使火腿肠保质期由常温下的3天延长到3～6个月。它曾是美国的专利，被日本买去后，一直垄断着世界市场，世界上只有少数几个国家能够制造。火腿肠产品在中国问世后，春都先后从日本进口了价值6亿多元的这种包装材料，不仅耗费了大量外汇，而且始终受制于人。为了摆脱这种被动局面，春都千方百计疏通渠道，获得了这项转让技术。

1992年，他们利用国家技术改造结存外汇，投资8 000多万元，从加拿大和日本引进了四条 PVDC 薄膜生产线、两台彩印机、两台薄膜分切设备和全套质量检测设备，形成了年产2 000吨彩色印刷 PVCD 薄膜的生产能力。1995年4月工程正式投产，从此结束了中国火腿肠使用外国包装的历史，为中国品牌的发展增添了更大的自主能力。

春都集团推出的精品火腿肠"春都王"，除了内在质量增加了颗粒状瘦肉外，外包装一改过去火腿肠都是单一红色的老面孔，首次推出彩印包装，给人耳目一新之感，颇受消费者的欢迎，成为1997年"春都"火腿肠系列产品中最抢手的一个品种。

"春都"在市场日益红火、产品供不应求时，没有盲目联营扩大产量，避免了技术、品牌转让后名声受损的风险，坚持自身扩大规模，保证了产品质量和品牌的信誉，同时坚持采用代表世界同行最先进水平的技术和设备，创自己的世界级品牌。

"春都"商标信誉1993年评估价值就达1.8亿元，不仅在国内家喻户晓，在国际上也具有相当的实力。1994年，春都在遇到资金困难时，还利用品牌价值，与五家国际性跨国投资机构达成合作协议，在不出让品牌的前提下，利用外资发展自己。之后，又购并控股了多家企业。之后，春都充分利用品牌效应，多产业、系列化、全方位地发展壮大企业集团实力，着力开发了火腿肠、熟肉制品、生物制药、特种包装、快餐食品、天然饮料六大支柱产业。

● 讨论

1. 春都产品的品牌意识表现在何处？
2. 春都是如何体现产品的整体概念的？

单元五

农产品定价方法与策略

农产品价格的高低不仅直接影响着消费者的购买行为，也直接影响着农产品的销售和利润。农产品价格是影响消费者选购与农民增收的最主要因素之一，所以农产品生产经营者要掌握一些行之有效的定价方法与技巧，来赢得客户，增加收入。

项目一　农产品定价方法

 ## 学习目标

● 知识目标

1. 了解农产品价格的构成要素，明确影响农产品定价的主要因素。

2. 掌握成本导向定价、需求导向定价、竞争导向定价的具体表现形式及适用条件。

3. 掌握成本导向定价法的计算方法。

● 能力目标

能正确运用定价的基本方法，占领目标市场，获得理想收入。

● 素质目标

提高对农产品价格波动的认识。

■ 案 例 导 入

> ### 蔬菜涨价的根儿在哪儿
>
> "以前一个月下来，用不了 200 元，现在少说也要 300 元，为什么菜价那么贵？哎，没办法，涨价也得吃啊。"已退休两年的王女士说起蔬菜涨价，一脸无奈。综合市场菜商小郭也显得很无奈："现在蔬菜进价高，更别说上涨的交通费和人工费，我赚得明显比以前少了。"
>
> 2010 年上半年，山西省太原市的蔬菜价格一路上涨。2009 年年底，太原市遭受罕见雪灾，本地菜受灾严重，产量减少。春节过后又遭受风灾袭击，80% 的温室大棚遭受不同程度的破坏。同时，受"倒春寒"影响，气温一直偏低，蔬菜上市量也不足。加上我国西南地区洪涝灾害使外地菜源受到影响，导致太原市蔬菜价格上涨。
>
> 除气候等自然因素影响，生产成本的增加也是导致菜价上扬的一个原因。由于农药、化肥、种子、农用薄膜等农业生产资料价格大幅上涨，菜农种植成本提高，拉动了蔬菜源头价格；另一方面，水、电、人工费用等的提高推动了蔬菜生产成本的增加。
>
> 此外，菜贩们对上涨的柴油价格叫苦不迭。而冷藏设施的不完善加大了运输过程中的损耗，提高的运输成本只能平摊在菜价上。
>
> 随着居民生活质量的改善和消费观念的不断更新，人们对各种鲜菜的需求大增，而鲜活农产品绿色通道的不畅通，无形中使蔬菜供应受到制约和影响，助推了蔬菜价格的上涨。
>
> 市场供求关系不平衡也是菜价上涨的原因，大多数菜农对市场信息不敏感，盲目跟风使蔬菜产量过剩、掉价甚至亏本，又纷纷减少种植规模，致使出现了新一轮的涨价。
>
> （资料来源：太原日报，2010 年 9 月 9 日）
>
> ◆思考　根据资料，分析影响蔬菜涨价的主要原因有哪些？

■ 知 识 储 备

一、影响农产品价格的因素

（一）农产品价格构成要素

农产品市场价格＝农产品生产成本＋流通费用＋利润

1. 农产品生产成本

农产品生产成本是农产品在生产过程中耗费的所有物质资料和人工费用的总和。它是构成农产品价格的基础。

2. 流通费用

流通费用是农产品在从田间到市场销售这个过程中所发生的各种费用，主要包括储运费用、摊位费用等。流通费用的高低主要取决于流通环节，流通环节越多费用越高。

3. 利润

利润是指农产品的销售收入扣掉生产成本和流通费用后的剩余部分。所以利润的多少取决于农产品市场价格的高低及生产成本和流通费用的多少。

（二）影响农产品市场价格的因素

1. 农产品成本

农产品成本包括生产成本和流通费用。成本是定价的下限，如果农产品定价低于这个下限，农户不仅无利可图，而且连简单再生产也无法维持。在正常情况下，农产品定价要高于成本。

农户为获得理想的利润，一方面应在可能的情况下制定尽量高于成本的销售价格，另一方面应在生产经营过程中采取各种措施，努力降低成本，以求在同等价格水平下，获取更多的利润。

2. 农产品供求状况

一般情况下，当某种农产品的供给量大于市场上的需求量（即产品供过于求）时，产品滞销，价格下跌；当某种农产品的供给量满足不了市场上人们的需求量（即产品供不应求）时，产品畅销，价格上涨。

当产品价格高到某一水平时，将无人购买，因此市场需求是产品定价的上限。

对于不同农产品，由于其需求价格弹性大小不一，供求关系对其价格的影响程度是不相同的。

小 贴 士

需求价格弹性对定价的影响

所谓需求价格弹性，就是指需求量对价格变化的反应敏感程度，以需求量变动的百分比与价格变动的百分比的比值来计算，亦即价格变动百分之一会使需求变动百分之几。用公式表示为：

需求价格弹性（｜Ep｜）＝产品需求量变动的百分比/价格变动的百分比

（1）当｜Ep｜＜1时，说明需求的变动对价格的变动不敏感，价格变动对需求量的影响不大，称为"弱弹性需求"或称"缺乏弹性"（图5-1）。这时可适当提高产品的价格，增加总收益，降低价格反而会使销售收入减少。

（2）当｜Ep｜＞1时，说明需求的变动对价格的变动十分敏感，价格较小幅度的下降或上升，就会引起需求量较大幅度地增加或减少，称为"强弹性需求"或称"富有弹性"（图5-2）。这时应该降低价格，以刺激需求，实现薄利多销。

（3）当｜Ep｜＝1时，说明需求的变动与价格的变动是反向同幅度的，称"单一弹性"。价格下降5%，需求量就增加5%，对产品总收益影响不大，这时以保持价格相对稳定为宜。

影响需求价格弹性的因素主要有消费者对产品的需求程度、产品的独特性和知名度、产品的替代性等。在消费者购买力一定的条件下，产品需求强度越大、越是必需、越有名气、替代品越少，其需求价格弹性就越小，反之，则越大。

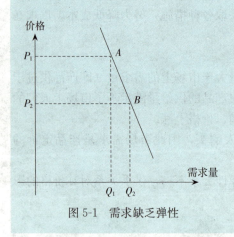

图5-1　需求缺乏弹性

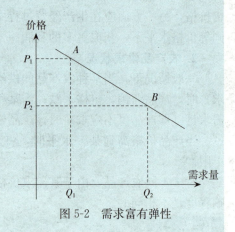

图5-2　需求富有弹性

3. 市场竞争程度

竞争对手的多少和竞争强度对农产品定价有重要的影响。

农产品在市场上竞争者少，价格就高，特别是一些高档农产品，而普通农产品市场竞争者多，价格偏低。

农产品在定价时，必须考虑竞争者产品的质量和价格。如果自己的产品与竞争对手的产品相似，就可制定与竞争者相似的价格，否则销路就会受影响；如果比竞争对手的产品质量差，则将价格定得低些；如果优于竞争对手的产品，则价格就可以定得高些。

4. 其他因素

如国家的农产品价格保护政策、消费者心理、国内外经济形势、货币流通状况、产品生命周期等。

综上所述，农产品定价与影响因素的关系见图5-3。成本规定了价格的最低限；市场需求（顾客对产品的评估）规定了价格的最高限；竞争者产品的质量和价格等因素，规定了在最高价与最低价之间的标价点。

二、农产品定价方法

从图5-3可看出，影响农产品定价的最基本因素是产品成本、市场需求和竞争状况。从这三个方面的不同侧重点出发，定价方法就可分为三类：成本导向定价法、需求导向定价法和竞争导向定价法（图5-4）。

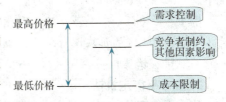

图 5-3　农产品定价与影响因素的关系

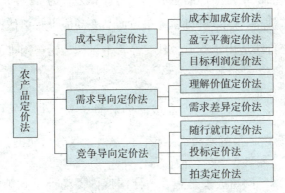

图 5-4　农产品定价方法分类

（一）成本导向定价法

成本导向定价法是以农产品的总成本为中心来制定价格的一种方法。

1. 成本加成定价法

所谓成本加成定价法，就是在产品单位总成本的基础上，加上一定的预期利润，作为产品的销售价格。利润比例就是俗称的"几成"。计算公式为：

$$单位产品销售价格＝产品的单位总成本×（1＋加成率）$$

采用这种定价方法的关键：一要准确核算成本；二要确定恰当的利润百分

比（即加成率）。

对于季节性强的产品、特殊品、贮存保管费用高的产品以及需求缺乏弹性的产品，加成率一般宜高一些。

● **优点**：计算简便，在正常情况下，可以保证获得预期利润。

● **缺点**：只考虑了产品本身的成本，忽视了市场供求和竞争的情况。用这种方法计算出来的价格，很可能不为消费者所接受，或缺乏市场竞争力。因此加成率应随着市场需求及竞争情况的变化而作相应的调整。

成本加成定价法适用于产销量与产品成本相对稳定、竞争不太激烈的情况下。

例1 某果品加工企业生产某种水果罐头，经核算生产一瓶罐头的总成本为 10 元，按 30% 的加成率计算，计算每瓶水果罐头的销售价格。

每瓶罐头销售价格＝10×（1＋30%）＝13（元）

2. 盈亏平衡定价法

盈亏平衡定价法又叫"收支平衡定价法""保本点定价法"，是按照某产品的销售总收入与该产品的总成本平衡的原则来制定该产品的价格的。由单位产品销售价格×产品产销量＝产品总成本，得计算公式为：

单位产品销售价格（保本点价格）＝单位产品变动成本＋单位产品固定成本

盈亏平衡定价法适用于竞争激烈、经营不景气、销售困难的情况下。

小贴士

产品成本的分类

根据是否随产销量的增减而增减，产品成本可分为两类：固定成本和变动成本。

1. 固定成本 固定成本是指在一定限度内不随产量和销量的增减而增减、具有相对固定性质的各项成本费用，如固定资产折旧费、房地租金、办公费用等；

2. 变动成本 变动成本是指随着产量和销量的增减而增减的各项费用，如原材料消耗、生产工人的工资等。

固定成本与变动成本之和即产品的总成本。

例2 假设果品企业全年固定成本总额为 2 万元，每千克果品的变动成本为 8 元，如果订货量分别为 8 000 千克和 10 000 千克，果品售价各应定为多少时，企业才能保本？

订货量为8 000千克时：保本点价格＝8＋20000/8000＝ 10.5（元）

订货量为10 000千克时：保本点价格＝8＋20000/10000＝ 10（元）

3. 目标利润定价法

目标利润定价法是指以投资额为基础，加上投资希望达到的目标利润进行定价的一种方法。计算公式为：

单位产品销售价格＝（总成本＋目标利润）/预计销售量

　　　　　　　＝（固定成本＋目标利润）/预计销售量

　　　　　　　＋单位产品变动成本

● **优点**　可以保证实现既定的利润目标。

● **缺点**　这种方法是先估计产品的销售量，再据此计算出产品的价格，这样的价格，不能保证销售量的全部实现。因为实际操作中，价格的高低反过来对销售量有很大影响。

目标利润定价法适用于市场占有率较高或自制商品具有独特性的情况下。

例3　例2中，如果该果品企业希望达到的年目标利润为5万元，预计年销量为10 000千克，问产品售价应定为多少，企业才能实现目标利润？

目标利润价格＝（20000＋50000）/10000 ＋8＝15（元）

(二) 需求导向定价法

需求导向定价法是以消费者对产品价值的理解和需求强度为依据来定价，而不是以产品的成本为基础定价的。

1. 理解价值定价法

理解价值定价法也称"感受价值定价法""认知价值定价法"，是根据消费者在主观上对产品的理解价值来定价的一种方法。

消费者在购买某一产品之前，基于从产品的广告宣传所得的信息及自身的购物经验、对市场行情和同类产品的了解等，对产品价值有一个自己的认知和理解。只有当产品的价格符合消费者的理解价值时，他们才会接受这一价格；反之，消费者就不会接受这个价格，产品就卖不出去。

理解价值定价法多用于名优特新产品及工艺品的定价。

如一个肯德基汉堡，其成本不过几元钱，而售价高达十几元，甚至数十元，仍然卖得很好，就因为它是名牌产品，而其他普通牌子的汉堡即使质量已赶上并超过该名牌产品，也卖不了那么高的价格。消费者对产品价值的感受，主要不是由产品成本决定的。

小 贴 士

运用理解价值定价法的关键

1. 加深消费者对产品价值的理解程度，提高他们愿意支付的价格限度 要求在市场上推出一种新产品时，要首先从产品的功能、质量、服务以及广告宣传等方面为产品树立一个良好的形象，拉开自身产品与市场上同类产品的差异，突出自己产品的特点，使消费者感到购买此产品能得到更多的好处，从而提高认知价值。

2. 正确估计消费者对产品的理解价值 要求在定价前认真做好营销调研工作，仔细比较自己的产品与竞争者的产品，从而对顾客的感受价值做出准确估测。

2. 需求差异定价法

需求差异定价法又称"差别定价法"，是指根据销售对象、销售地点、销售时间等条件变化所产生的需求差异，尤其是需求强度差异，对相同的产品采用不同价格的方法。

采用这种方法定价，一般是以该产品的历史价格为基础，根据市场需求变化的具体情况，在一定幅度内加价或减价。需求差异定价法主要有以下形式：

（1）不同顾客的差别定价。这是根据不同消费者的消费性质、消费水平和消费习惯等差异，制定不同的价格。如会员制下的会员与非会员的价格差别，学生、教师、军人与其他顾客的价格差别，新老顾客的价格差别等，可以根据不同的消费者的购买能力、购买目的，制定不同的价格。

（2）不同地点的差别定价。由于地区间的差异，同一产品在不同地区销售时，可以制定不同的价格。如某种饮料在旅游景点和街边零食店出售，由于需求程度不同定价不同。

（3）不同式样产品的差别定价。同一种质量和成本的产品，但外观和式样不同，对消费者的吸引程度不同，可以制定不同的价格。如食品中的礼品装、普通装及特惠装三种不同的包装，虽然产品质量和成本几乎没什么差别，但价格往往相差很大。

（4）不同时间的差别定价。同一产品由于在不同的时间段里，顾客的需求强度是不同的，据此可制定不同的价格。如在需求旺季时，可以提高价格；在需求淡季时，可以采取降低价格的方法吸引更多顾客。

需求差异定价法，对同一产品制定两个或两个以上的价格，其好处是可以使产品定价最大限度地符合市场需求，促进产品销售，有利于生产经营者获取最佳的经济效益。

小贴士

采用需求差异定价法要具备的条件

（1）顾客对产品的需求有明显的差异，需求程度不同，市场能够细分。

（2）顾客在主观上或心理上确实认为产品存在差异，价格差异不会引起顾客反感和不满。

（3）不存在市场套利行为，低价市场的购买者没有可能将低价购进的某种产品在高价市场上倒卖给别人。

（4）采取的价格差异形式不违法。

（三）竞争导向定价法

竞争导向定价法主要依据竞争者的价格来定价。通过研究竞争对手的产品质量、服务状况、价格水平等因素，结合自身的竞争实力，来确定产品价格。

1. 随行就市定价法

随行就市定价法又称"通行价格定价法"，是指以本行业的平均市场价格水平作为定价基础的一种方法。

采用通行价格定价法，既容易被消费者所接受，也能与竞争对手"和平共处"，避免价格战产生的风险，还能给自己带来合理的利润。随行就市定价法主要适应于以下几种情况：

（1）同质产品的定价。

（2）产品成本难以核算。

（3）欲与同行业竞争者和睦相处，避免竞争激化。

（4）难以对消费者和竞争者的反应作出准确估计，不易为产品另行定价。

2. 投标定价法

投标定价法是指在招标竞标的情况下，根据竞争者可能的报价，来确定自己产品价格的方法。

投标定价法主要用于大宗农产品采购。一般是由一个买方（某农产品求购者）公开招标，多个卖方（某农产品供给者）竞争投标报价，最后由买方按物美价廉的原则择优选取。

投标定价法的步骤

1. 招标 由买方发出公告，提出征求的农产品及其具体条件。

2. 投标 卖方根据招标书的内容和要求，考虑成本、盈利及竞争者可能的报价，填好具有竞争性报价的标书，密封送交买方。标书一经递送就要承担中标后应尽的职责。

一般来讲，报价高，利润大，则中标几率低；报价低，利润小，则中标几率高。所以，农产品供给者在投标报价时，必须预测竞争对手的价格意向，努力制定既能保证中标，又能保证期望利润的最佳报价。

3. 开标 买方在规定时间内召集所有投标者，将报价信函当场启封，选择其中最有利的一家或几家中标者进行交易，并签订合同。

3. 拍卖定价法

拍卖定价法是指由卖方预先发布公告，展示所出售的物品，在规定的时间和地点，采用公开拍卖的方式，由买方公开叫价竞购，卖方选择最高价格拍板成交的一种定价方法。

拍卖定价与投标定价的区别在于，拍卖是买方公开竞价，投标是卖方密封报价。

拍卖定价法具有竞争公开、出价迅速、交易简单的特点，农产品经营者在销售限量产品、珍品、高级艺术品等时，可通过这种方法获得理想的价格。

■ 案例分析

◆ 阅读案例

一只土鸡能卖多少钱

"178元一斤鸡，18元一个蛋。"你别以为听错了，这就是"寿康"鸡在市场上的售价。

一只土鸡身价怎么这么高？第一层谜底是技术创新。"寿康"鸡天天在空气清新的山坡上奔跑，其脂肪含量比普通鸡下降了一半；吃的不是普通饲料，而是专门研制加工的"中草药饲料"，在玉米中按比例添加了黄芪、当归、党参等补药，因此其蛋白质、水解氨基酸含量及微量元素也较普通鸡有很大的提高。

中草药养鸡，这门技术相对要求比较高。而一只"寿康"鸡走向市场，至少要养足一年，加上高价补药，单算养殖成本便是一般土鸡的 12 倍。"寿康"鸡突破了农产品低价的怪圈，每千克售价 356 元。

如何让人们接受这个售价？第二层谜底是营销创新。展销会上，别人卖鸡，"寿康"鸡请人吃鸡喝汤，用食客的嘴替天价鸡宣传。中草药鸡烧的时候，只需要放盐炖煮，就十分鲜美。

2002 年年底，"寿康"鸡在杭州新新饭店专门举办美食节。高价鸡能不能销出去，饭店起初也很怀疑。结果生意太好了。"寿康"鸡如法炮制，在上海、南京等地高端食客中打响了名声。

对价格一贯走低的农产品来说，卖到如此高价，自然引起了社会各界的广泛关注。中央电视台七频道《致富经》栏目专门对"寿康"鸡进行了专题报道。这一下"寿康"鸡的知名度更大了，咨询养鸡的，要买鸡的，电话一个接一个。

（资料来源：浙江在线，2010 年 7 月 27 日）

◆ **分析讨论**

1. "寿康"天价鸡是如何让消费者接受的？
2. 该案例给了我们什么启示？

◆ **提示**

1. 研制新技术，开发生产独特产品。突出自身产品在功能、质量等方面与市场上同类产品的差异。迎合高端消费群体追求消费质量的需求。

2. 注重宣传推广。通过参加展销会、举办美食节、采用专题报道等方式，加深消费者对产品价值的理解和认可。

产品定价能否得到消费者心理上的认可，是产品能否开拓市场、占领市场的重要一环。

◆ **阅读案例**

"牛奶莲雾王"一个 1 800 元

10 个三亚有机"牛奶莲雾王"拍出 18 000 元，也就是说，一个有机"牛奶莲雾王"卖价是 1 800 元。这是发生在 2010 年海南冬交会三亚展馆的事。

为了让农业增效、农民增收，三亚市通过冬交会这个平台进行优质农产品拍卖，拍卖项目主要为期货拍卖、现货拍卖。

首先拍卖的是供货期间 2011 年 1~3 月，拍卖量 250 吨，底价 1 500 万元的有机莲雾期货。从底价 1 500 万元开始，不断有人举牌：1 550 万、1 580 万、1 600 万、1 650 万、1 700 万，5 轮次后，最后以 1 780 万元被成功拍下。

第二个登场的农产品是有机"牛奶莲雾王"，为现货拍卖。10 个莲雾，底价为每个 100 元。经过几轮激烈的竞价，单价从每个 100 元飙升至每个 1 800 元，一筐 10 个就是 18 000 元。

三亚南鹿牛奶莲雾农民专业合作社生产的莲雾已通过国家有机产品认证机构——北京五岳华夏管理技术中心的有机认证，这是中国大陆首个获得有机认证的莲雾产品。

有机牛奶莲雾品质好，在上海、广东的销量一直不错，并且经常被卖断货。

冬交会上莲雾卖出这样的高价，虽出乎意料，但也在情理之中，2010 年台湾莲雾王的拍卖价格达到了一个 3 800 元人民币。

（资料来源：三亚晨报，2010 年 12 月 14 日）

◆ 分析讨论

1. 农产品拍卖的过程是怎样的？
2. 农产品拍卖有什么好处？
3. 哪些农产品适合拍卖定价？

■ 实训活动

亏本买卖能不能做

◆ 实训目的

1. 进一步理解、运用成本导向定价法。
2. 培养参与意识和探索精神。

◆ 实训步骤

1. 学生分组，阅读案例。

[案例] 某生产竹子工艺品的小企业，每年的厂房租金为 5 万元，加工设备的折旧费 2 万元，其他固定支出 1 万元。生产一件工艺品的原材料费为 5 元，生产工人的计件工资 1 元。该企业的年生产能力为 8 000 件工艺品。

（1）因为市场不景气，产品保本价也无法卖出产品，这时企业该怎么办？

（2）若有一客户提出以 10 元的价格订货 2 000 件，企业能否接受？

（3）若另一客户提出以 5 元的价格订货 5 000 件，企业能否接受？

2. 根据以下思路进行讨论分析。

（1）产品成本可分为哪两大类？案例中各费用分别属于哪一类？

（2）计算每件工艺品的总成本（即保本价）。

（3）当保本价无法卖出时，要对比不同情况下企业亏损额的大小，应选择亏损最小的方案。

停产时亏损额＝

售价 10 元时亏损额＝

售价 5 元时亏损额＝

3. 各组选派代表上台发言，说明自己的结论及理由。

4. 教师点评总结。

单价 10 元＞单位变动成本 6 元，多卖一件可多出 4 元用于补偿固定成本；单价 5 元＜单位变动成本 6 元，多卖一件多亏 1 元。

所以，只要产品单价＞产品单位变动成本，生产企业就可亏本销售，以期维持生产、保住市场。适用于市场供过于求、销售困难、企业存在剩余生产能力时，短期内采用。

◆ **实训地点与学时分配**

1. 地点：教室。

2. 学时：2 学时。

能力转化

◆ **填空题**

1. 一般来说，产品定价的下限是＿＿＿＿＿＿＿，产品定价的上限是＿＿＿＿＿＿。

2. 当 $|Ep|>1$ 时，说明产品价格较小幅度的变动，就会引起需求量＿＿＿＿＿，称为"＿＿＿＿＿需求"或"＿＿＿＿＿弹性"。这时产品适宜＿＿＿＿＿（降价、提价）。

3. 产品成本根据其随产量和销量的增减变化的不同可分为：＿＿＿＿＿和＿＿＿＿＿。

4. 需求差异定价法具体分为＿＿＿＿＿、＿＿＿＿＿、＿＿＿＿＿、＿＿＿＿＿四种形式。

5. 拍卖定价与投标定价的区别在于，拍卖是＿＿＿＿＿，投标是＿＿＿＿＿。

◆ **判断题**

1. 产品成本是定价的下限，在正常情况下，产品定价要高于产品的单位

总成本。（　　　）

2. ｜Ep｜＜1时，说明产品的市场需求是富有弹性的，为了取得更高收入可制定较高价格。（　　　）.

3. 一般来说，当某种农产品供不应求时，价格会下跌；供过于求时，价格会上涨。（　　　）

4. 在销售严重困难时，农产品经营者可亏本销售的条件是：产品单价＞产品单位变动成本。（　　　）

5. 采用投标定价法时，报价越低，中标的概率越大。（　　　）

◆ 选择题

1. 影响农产品价格变动的因素主要有（　　　）。

　　A. 农产品生产成本　　　　B. 农产品运销成本

　　C. 农产品供求的变化　　　D. 竞争者价格的变动

2. ｜Ep｜＞1，表示产品富于弹性，定价时应（　　　）。

　　A. 提高价格　　　　B. 降低价格　　　C. 保持价格不变

3. 在投标定价法中，供货企业报价的制定依据是（　　　）。

　　A. 企业的目标利润　　　　B. 对竞争者报价的估计

　　C. 企业的成本费用　　　　D. 市场需求

4. 对于传统手工刺绣、镂雕等高级工艺品，宜采用的定价方法是（　　　）。

　　A. 薄利多销　　　　　　　B. 成本加成定价

　　C. 理解价值定价　　　　　D. 随行就市定价

5. 属于需求导向定价法的是（　　　）。

　　A. 成本加成定价法　　　　B. 目标收益定价法

　　C. 理解价值定价法　　　　D. 需求差异定价法

◆ 思考题

1. "薄利一定多销"，请评价这种说法。

2. 保本或亏本定价一般在什么情况下应用？

3. 理解价值定价法应用的关键是什么？怎样提高消费者对产品的理解价值？

4. 举例说明需求差异定价法的方式。（举例说明）

5. 简述投标定价法的步骤。

◆ 计算分析题

某奶制品生产企业，全年需固定成本90万元，单位可变成本10元/件，该企业年生产能力10万件。因行情不佳，目前订货量为8万件，每件售价20元，生产能力有富余。后有一客户愿出价16元订购1.5万件，问企业能否接受此订货？为什么？

项目二　农产品定价策略

学习目标

● 知识目标

1. 掌握心理定价、折扣定价、产品组合定价策略的具体内容。
2. 掌握新产品定价策略的适用条件。

● 能力目标

学会根据不同情况，灵活运用各种定价策略，为农产品合理定价，获得更好的收益。

● 素质目标

培养灵活定价的意识。

案例导入

珠宝定价的有趣故事

有一家珠宝店，新进了一批由珍珠质宝石和银制成的手镯、耳环和项链的精选品。店主对这批货十分满意，因为它比较独特，可能会比较好销。在进价的基础上，加上其他相关的费用和平均水平的利润，他定了一个价格，觉得这个价格应该十分合理，肯定能让顾客觉得物超所值。

这些珠宝在店中摆了一个月，一直销售不畅，店主十分失望。他运用了很多销售策略：把这些珍珠质宝石装入玻璃展示箱，并将其摆放在该店入口的右手侧，并安排了一个销售员专门促销这批首饰。这些珠宝的销售情况仍然没有什么起色。

就在此时，店主要外出选购产品。因对珍珠质宝石首饰销售感到十分失望，他急于减少库存以便给更新的首饰腾出地方来存放。他决心半价出售这一系列的珠宝。临走时，他给副经理匆忙地留下了一张字条："调整一下那些珍珠质宝石首饰的价格，所有都×1/2。"

副经理误认为字条上写的是，这一系列的所有珠宝价格一律按双倍计，副经理将价格增加了一倍而不是减半。结果提价后珠宝出售速度惊人，当店主回来的时候，该系列所有的珠宝已销售一空。

◆ **思考**

1. 为什么珠宝以原价两倍的价格出售会卖得很快？

2. 这个案例给了我们什么启示？

◆ **提示**

高价位的珠宝是财富、身份和地位的象征，它满足了消费者求名望、图虚荣的心理。

■ 知识储备

一、心理定价策略

心理定价策略是为迎合消费者的不同心理需要而采取的一种灵活定价措施。采用心理定价能使消费者得到心理满足，从而激发消费者的购买欲望，达到扩大产品销售的目的。常用的心理定价策略有以下几种（表 5-1）：

表 5-1　心理定价策略

策略	内　　容	目　　的	适用情况
尾数定价	把产品价格以零头数结尾。如将产品价格定为 0.98 元而不定 1 元，定 9.95 元而不定 10 元等	给消费者以真实感、信任感、价廉感，满足消费者的求实、求廉心理(薄利多销)	需求价格弹性较大的中、低档消费品
整数定价	与尾数定价正好相反。把产品价格定成整数，不要零头	使消费者产生档次高的印象，满足其自尊心理和方便快速的心理	高档消费品或有特色的商品
声望定价	对在消费者心目中享有声望的产品，制定比产品的实际成本、一般利润高得多的价格	迎合消费者的求名心理和"价高质必优"的心理。满足高收入消费者的需要	名牌产品、有名望的商店(老字号)、高级消费品
吉利数定价	采用一些吉利的数字来给产品标价，如：88（发发）、518（我要发）、66（大顺）等	满足人们求吉祥如意的心理，对产品的促销能起到神奇的效果	任何产品
招徕定价	也称"特价品定价""牺牲品定价"，在一定时期内，有意把少数几种产品的价格定得特别低，如节日期间的优惠酬宾	满足消费者的求廉心理，吸引大量顾客光临，达到连带销售其他产品的目的	特价品应是大多数消费者需要的，且要经常变换；降价应有吸引力；降价应有时间限制；数量要充足
	某饭店每天都会以半价推出一道特色招牌菜，并通过横幅、广告单等大肆宣传，吸引了众多顾客前往品尝，生意火爆。有人认为降低菜价酒店要吃大亏，因为酒店降低菜价的幅度令人吃惊。然而，事实说明，食客们来此一趟决不会单单点一道特价菜就完事的，都会要再点上几个别的菜。特价菜上亏的，在别的菜上却暗暗补了回来，而且还让食客们觉得价钱便宜公道		

二、折扣定价策略

折扣定价策略指农户或农业企业在出售农产品时，为了鼓励顾客提早付款、大量购买、淡季购买等，在基本价格的基础上再给购买者一定的价格优惠。常采用的折扣定价策略见表5-2。

表5-2　折扣定价策略

策略	内　容	目　的	适用情况
现金折扣	又称"付款期限折扣"，是指对按约定日期付款或提前付款的顾客，给予一定的价格折扣	鼓励顾客早日支付货款，以加速资金周转，减少呆账风险	赊销的产品
	某农产品赊销时规定：顾客的付款期限为1个月，若立即付现可打95折，10天内付现可打97折，20天内付现可打98折，最后10天内付款则无折扣。 使用现金折扣时应规定三点：一是付清全部货款的期限；二是折扣期限；三是折扣率的大小		
数量折扣	指根据顾客购买数量或金额的大小而给予不同的优惠折扣。数量折扣的关键在于合理确定给予折扣的起点、折扣档次及每个档次的折扣率		
	累计数量折扣：即在一定期限内，对同一顾客的购货数量或金额进行累计，按照累计数额大小给予不同的价格折扣	鼓励顾客经常购买、长期购买，使其成为长期客户，减少经营风险	长期交易的商品、大批量销售的商品以及需求相对比较稳定的商品
	某土特产经营户规定：顾客在一年内购买量累计达到1 000元，价格折扣3%；达到2 000元，折扣5%；超过3 000元，折扣6%		
	非累计数量折扣：即根据顾客一次购买数量或金额的多少给予不同的价格折扣	鼓励顾客一次性大量购买，促进产品多销、快销	短期与零星交易的商品、季节性商品以及过时、滞销、易腐、易损的商品
	某果品经营者给顾客的优惠为：一次购买满200元，折扣10%；满300元，折扣15%；满500元，折扣20%；不足200元，不给折扣		
季节折扣	是指对那些在淡季购买产品的顾客所给予的价格优惠	鼓励顾客淡季购买，以减少产品库存积压，节约仓储费用，加速资金周转，实现均衡生产	需求具有明显淡旺季的产品
	炎热的夏天是鲜花经营的淡季，鲜花的售价比旺季时便宜三四成，以百合花为例，由旺季时8元/支降到夏季的5元/支		
功能折扣	又称"交易折扣"，是指根据各类中间商在市场营销活动中所担负的功能不同，分别给予不同的价格折扣	鼓励中间商充分发挥自己的功能，调动其积极性	依靠中间商销售的产品

三、产品组合定价策略

如果农户或农业企业生产经营多种农产品，而且这些产品之间存在需求、成本等某种联系时，要综合考虑各相关产品来定价，以使产品组合取得整体的最大利润。产品组合定价策略主要有以下几种（表5-3）：

表5-3　产品组合定价策略

策　略	内　容	目　的
产品线定价	当生产经营系列产品时，要适当确定产品线中各种产品之间的价格差异	满足不同层次消费者的需求，使整个产品线整体利润最大化
	一个核桃经营企业，将各种核桃分档定价为每千克38元、45元、60元	
附带产品定价	附带产品又称"互补产品"，指必须和主要产品一起使用的产品，如水晶花卉与水晶泥。一般来说，把主要产品的价格定得较低，而附带产品的价格定得较高	通过低价促进主要产品的销售，以此带动附带产品的销售
副产品定价	当生产过程中有副产品产生时，只要买主愿意支付的买价大于贮存和处理这些副产品的费用，就可以接受，如肉类加工企业的皮、毛等	减少生产者的支出，为主要产品制定更低的价格，增强竞争能力
产品群定价	将相关产品组合在一起，制定一个比分别购买更低的价格，一并销售，如各种杂粮的组合优惠	通过薄利多销，提高销售量，使总利润最大

四、新产品定价策略

新产品定价难度较大，因为没有可供参考的销售资料，如果定得过高，不被顾客认可，新产品难以推广；如果定得过低，则难以收回前期投资，影响农产品经营者的收益。常见的新产品定价策略有三种（表5-4）：

表 5-4　新产品定价策略

策　略	内　容	优缺点	适用情况
取脂定价策略（高价策略）	在新产品进入市场初期，把产品的价格定得很高，远远高于成本，以便在最短的时间里尽快收回投资，赚取最大的利润。又称为"高价厚利策略"	利润高，回收成本快；树立高档优质产品形象；有降价空间，便于价格调整。高价影响销路扩大，且易诱发竞争	无类似替代品、新颖有特色产品、专利产品；需求缺乏弹性的产品；技术独特、短期难以仿效的产品
渗透定价策略（低价策略）	把新产品的价格定得很低，以在短时间内迅速打开销路，在市场上广泛渗透，提高市场占有率	有利于迅速打开销路；阻止竞争者进入。投资回收期长；在竞争中价格变动余地小	需求弹性大、市场生命周期长、潜在市场容量大的产品
满意定价策略	为新产品制定一个不高不低的适中价格，既能对消费者产生一定的吸引力，又能使自己获得一般利润，双方都满意	利润平稳，在正常情况下能收回成本和取得适当盈利；价格上调下降均有余地。定价较保守，有可能失去赢利的机会	当顾客对价格十分敏感、竞争者对市场份额十分敏感时，应采用满意定价策略。一般产品都适宜

案例分析

◆ **阅读案例**

柑橘盆栽卖得俏　每盆 300 元抢着要

不到一个月的时间，四川省眉州市仁寿县新店乡东桥村村民刘强就卖了 60 多盆柑橘盆栽，收入一万多元。刘强家的院坝里几十盆盆栽柑橘硕果累累，沉甸甸的柑橘把树枝压弯了腰。而在东桥村，村民的屋顶上、庭院里、池塘边，只要能放盆栽的地方，都可以看见盆栽柑橘的身影。

近年来，东桥村依靠发展柑橘清见品种种植走出了一条增收致富路。盆栽柑橘是该县清见果业协会会长徐文科在柑橘增效上寻求出的新致富"商机"。把柑橘栽到好看的花盆里，以盆栽的形式单棵销售，每盆销售价在 150～300 元。清见果业协会通过不断开发、总结，使盆栽柑橘的经济价值逐渐凸显。其依靠不占地、移动方便、易于管理的优点，赢得了市场的青睐，为农民增收开辟了一条新途径。

（资料来源：眉山网，2012 年 12 月 14 日）

◆ **分析讨论**

1. 盆栽柑橘采用的是哪种定价策略？

2. 请结合实际谈谈农产品做怎样的创新可以卖个好价钱？

◆ 提示

1. 果蔬盆栽。可作为盆景来观赏，既能增添情趣，又能吃得放心，迎合了都市人向往绿色、环保的需求，且目前市场上竞争者较少。

2. 绿色有机。满足越来越多消费者注重食品安全、营养、美味、健康的需求。

3. 外形新颖。如在金灿灿的南瓜上刻上喜庆的文字，方形西瓜、心形西瓜等，将外形制成人们喜欢的样子。

4. 包装精美。改变过去无包装或使用纸盒包装的习惯，"穿上靓装"可提高产品身价。

5. 创立品牌。光有质量还不够，有了知名度，好产品才能卖上好价钱。实践表明，同样的特色农产品，有无叫得响的品牌其市场销售完全不同。

6. 淡季销售。努力发展早熟和反季节品种，使产品上市时间提前或推迟；或者在生产旺季时将一些农产品进行保鲜贮藏，等到淡季出售，卖出好价钱。

7. 非种植区销售。将本地产品运输到异地销售，利用人们"喜新厌旧"的心理，争取区域的价格差。

◆ 阅读案例

巧妙定价，让消费者心花怒放

如何制定茶叶价格？要制定让消费者心花怒放、感觉到"值"的价格，至少要在生产成本的基础上，综合考虑五个要素。

第一，要看品牌定位。定价要符合茶叶的品牌定位，通俗地说，高档茶主要面对经济实力雄厚的人群，自然要有相应的高价格；大众茶向经济实力一般的大众消费，就要有相应的大众价格。如西湖龙井作为高档茶的代表，其价格始终居高不下，明前的西湖龙井更是被炒至天价。

第二，要看产品系列的定位。一个茶叶品牌可以有很多系列，如作为专业闽茶品牌，闽豪功夫旗下铁观音有龙吟珠、功成茗就、闽杰、闽道、闽瑞、山野村夫等七大系列，各有各的特色，分别针对不同购买力的目标人群，同时也针对各个系列的品质差异，制定了不同的价格，满足了不同消费者的需求。

第三，要顺应消费者的认知习惯。在消费者的认知里，高价格往往等于高质量，便宜没好货。所以，好产品一定要有其相对应的"高价格"，价格定低了，消费者不相信这是"高档货"，一定不买账；而大众产品自然要有"大众价格"，定高了，消费者觉得不值，同样不买账。不管定高价还是定低价，一定要实事求是，保证茶叶"物超所值"才行。

第四，要预留运作空间，即要有充足的利润空间，保障灵活的促销空间。利润包括茶企自己的利润和经销商的利润。促销也包括两种，一种是渠道促销，主要目的是吸引经销商进货；另一种是终端促销，主要目的是吸引消费者购买。

如茶叶成本是 100 元，加上 20 元的利润，看起来不少了。但每逢节假日，打 9 折之后是 108 元，接近成本，但消费者还是认为茶叶的折扣太少。这就是预留的运作空间不够。若再考虑经销商的利润，这个价格就很难生存了。

第五，注意小技巧的大作用。在定价的时候，一定要注意数字间细微差异造成的天壤之别。

如 500 克茶叶定价 1 000 元和 999 元，你有什么感觉？尽管只是 1 元的差距，但是前者给人的感觉是上了"1 000 元"这个数量级，后者给人的感觉是"1 000 元还不到"，仿佛两者有着实质性的差异。

（资料来源：江南时报，2013 年 5 月 29 日）

◆ 分析讨论

茶叶定价时，要综合运用哪些具体的定价方法？

实训活动

农产品定价策略探究

◆ 实训目的

1. 了解所熟悉的某一种农产品的价格行情，比较其不同时间、不同产地、不同品牌的价格差别，分析其合理性。

2. 进一步掌握农产品定价基本方法与技巧的运用。

3. 培养分析问题的能力。

◆ 实训步骤

1. 3～5 人一组，小组成员合理搭配。

2. 设计农产品价格调查表，主要包括调查日期、调查地点、农产品名称、产地、品牌、批发价、零售价等内容。

3. 以小组为单位进行实地调查，了解所选农产品的价格行情。

4. 上网查询相关的资料。

5. 小组讨论，分析价格差异形成的原因，各农产品采用的主要定价策略。

6. 提交实训报告，班级交流。

◆ **实训地点与学时分配**

1. 地点：当地农产品批发市场、农贸市场、营销实训室。

2. 学时：课余时间（约1周），课堂（2学时）。

■ 能 力 转 化

◆ **选择题**

1. 根据中间商在营销中担负的不同职能,给予不同的价格折扣是（　　）。

    A. 现金折扣　　B. 数量折扣　　　C. 交易折扣　　　D. 季节折扣

2. 对于高档瓷器，应采取（　　）。

    A. 尾数定价　　B. 整数定价　　　C. 声望定价　　　D. 招徕定价

3. 经营者把创新产品的价格定得较低，以吸引大量顾客，提高市场占有率，这种定价策略是（　　）。

    A. 取脂定价　　B. 渗透定价　　　C. 满意定价　　　D. 招徕定价

4. 为鼓励顾客购买更多农产品，应采用的定价策略为（　　）。

    A. 功能折扣　　B. 数量折扣　　　C. 季节折扣　　　D. 现金折扣

5. 超市经常推出"特价""惊爆价"商品，这属于（　　）策略。

    A. 如意定价　　B. 招徕定价　　　C. 尾数定价　　　D. 季节折扣

◆ **思考题**

1. 举例说明不同心理定价策略的运用。

2. 折扣定价策略有哪几种方式？各在什么情况下应用？

3. 举例说明产品组合定价策略不同方式的运用。

4. 新产品定价策略有哪几种？各适宜在什么条件下采用？

单元六

农产品销售方式

长期以来，农产品流通问题是困扰农民的核心问题，农民丰产不增收，农产品卖难买难的现象普遍存在。如何合理地选用销售方式，将农产品快速、经济、方便地提供给消费者，达到扩大产品销售、降低流通费用、提高经济效益的目的，是本单元着重要解决的问题。

农产品销售的方式很多，按是否经过中间环节可分为直接销售与间接销售；按所采用技术的不同，可分为传统营销与网络营销。

项目一　农产品直接销售

 学习目标

● 知识目标

1. 了解农产品直销的特点和优缺点，理解采用农产品直销方式的条件。

2. 掌握农产品零售直销、订单直销、观光采摘直销的操作要点。

● 能力目标

能根据实际情况，正确有效地选用农产品直销的不同形式，成功销售农产品。

● 素质目标

培养诚信意识、合同意识，树立法制观念。

■■ 案 例 导 入

农产品销售新模式——农宅对接

"农宅对接"又被称为"从农场到家庭"的农产品销售模式，特点是生产者和消费者直接交易。2011年3月，北京市延庆县北菜园蔬菜专业合作社率先启动"农宅对接"试点。该合作社在海淀区圆明园小区地下一层安装了一套配送柜，居民买菜，只要点击鼠标，提前上合作社网站预定，第二天，郊区菜地里的新鲜蔬菜，就送到菜柜里了。有了"直投菜柜"，买菜变得和订报、订奶一样方便。

直投蔬菜新鲜又安全。北菜园合作社承诺，新鲜蔬菜采摘后5小时内送达。每天早晚采摘两次，早上七八点钟，晚上五六点钟，摘完后直接配送，路况好时，一个多小时就送到了，保证是最新鲜的。为此，合作社专门配备了两辆冷藏运输车。

由于取消了中间环节，同时减少了流通过程中的损耗，"直投菜柜"菜价直降30%。和过去批发给中间商的销售模式比，"农宅对接"成本降了一半。对市民来说买菜便宜了，对菜农来说卖菜价高了，两头都满意。

与农超对接、场店对接相比，"农宅对接"成本更低。除一次性的设备投入外，这种模式不需要店面，也不需要经营人员，成本大幅降低。社区菜店店面租金高，还要赚出经营人员的工资，光这两项就把菜价抬高了。直投菜柜没这两项支出，吃多少订多少，订多少送多少，还能避免浪费。

北菜园合作社还联合延庆17家农产品产销合作社成立联合社，除蔬菜外，小杂粮、水果、彩色甘薯、蜂蜜、花卉、肉禽蛋奶等10多种农产品都实现直投。

（信息来源：中国农业信息网，2011年5月5日）

◆ 思考 "农宅对接"销售模式有什么特点？它有哪些优势与不足？在什么条件下适用？

■■ 知 识 储 备

一、农产品直销概述

1. 农产品直销的概念

农产品直销是指农产品生产者直接将农产品销售给消费者或用户，不经过任何中间环节转手的销售方式，也称"零级渠道"（图 6-1）。

图 6-1　农产品直销模式

2. 农产品直销的特点和优缺点

农产品直销没有任何中间商的介入，起点是生产者，终点是消费者，它的优缺点见表 6-1。

表 6-1　农产品直销的优缺点

优　点	缺　点
1. 了解市场需求。直接面对消费者销售，可及时、具体、全面地了解消费者的需求状况。 2. 控制产品价格。取消了中间环节，减少了产品损耗，免去了层层加价，降低了营销成本，进而有利于降低售价，提高产品竞争能力。 3. 提供有效服务。直接为消费者服务，为人们的特殊购物需要提供了可能。 4. 返款迅速。可及时收回货款，加快生产资金周转	1. 分散生产者的精力。集生产、销售、管理于一身，生产者要承担全部的市场风险。 2. 增加销售费用。生产者销售产品时需要花费一定的人力、物力、财力。 3. 销售受限。自有的销售机构销售能力有限，销售范围和数量受到较大限制

3. 选用农产品直销方式的条件

农产品直销的优势明显，但不是任何农产品生产者在任何条件下采用直销方式都是最佳的选择。选用农产品销售方式时，需要考虑农产品、生产者、消费者、竞争者等方面的因素（表 6-2）。

表 6-2　选择农产品直销方式的条件

考虑因素		适宜直销条件
农产品	自然属性	易腐烂变质或易损坏的农产品，如蔬菜、水果、鲜鱼虾、鲜奶、鲜花等
	体积和重量	体积大、笨重的农产品，如牛、羊等
	技术性和服务要求	技术性强、服务要求高的农产品，如观光旅游农业的产品及服务
生产者	是否具有销售能力和经验	具有较强的营销能力和经验，可自己组织销售
	是否能有效覆盖目标市场	规模大、实力雄厚，可以占领目标市场，并不断扩大市场份额
	是否具有较高的利润率	比较采用不同销售方式时的支出与所得，直销的所得大于支出且经济效益最大

（续）

考虑因素		适宜直销条件
消费者	目标市场范围的大小	目标市场范围小，潜在购买者少
	消费者的集中程度	消费者分布较为集中
	消费者的购买习惯	顾客一次购买量大，购买频率低
其他	竞争产品的销售渠道	通常情况下，应与同类产品竞争者采用相同或相似的销售方式；竞争激烈时，应寻求独特的销售方式
	空间便利性	交通便利、就近
	中间商的合作性	中间商不愿合作、合作费用高

◆讨论

常用的农产品直销方式有哪些？

◆提示

农产品直销的方式多种多样，主要分为农产品零售直销、订单直销和观光采摘直销三类。

二、农产品零售直销

1. 农产品零售直销的概念

农产品零售直销是指生产者在田间、地头、农贸市场、菜店中直接把农产品出售给消费者，或直接把农产品送到客户（旅馆、饭店、家庭）手中的直销方式。

小 贴 士

农产品零售直销的主要形式

（1）农贸市场上农民自己出售农产品。

（2）农家直销。

（3）地头、集市销售。

（4）租赁柜台、自开直销店销售。

（5）直接送货上门。

（6）网上零售直销。

2. 农产品零售直销的实施要点

（1）生产者方面。作为农产品直销人员要具备较高的营销素质。

直销人员应具备的素质

（1）良好的道德素质。诚信可靠、实事求是。

（2）良好的服务态度。以顾客满意为服务标准，主动、热情、耐心、周到。

（3）具备一定的知识水平与技能。如懂得经济法、商品学、农产品营销学、顾客消费心理等方面的知识并在实践中灵活运用。

（2）农产品方面。要保证农产品质量，提高企业信誉，赢得顾客的信任。

（3）交易场所方面。政府要加强农贸市场的建设，这是发展农产品零售直销的基础。

（4）信息收集方面。农产品生产者要通过中介组织、营销大户、上网等多种途径，及时了解市场行情和需求信息，以销定产。

农产品零售直销的主要形式

（1）农贸市场上农民自己出售农产品。

（2）农家直销。

（3）地头、集市销售。

（4）租赁柜台、自开直销店销售。

（5）直接送货上门。

（6）网上零售直销。

▦ 拓展阅读

绿色与有机农产品直销的销售策略

1. 配送策略　安全营养的农产品、高效便捷的配送服务是很多城市家庭需要的。要做好配送，需建立一个电子商务、电话、店面等互相配合、协调运行的系统。

2. 免费体验策略　通过对产品的观、闻、品、验等手段，让消费者明白什么样的产品符合自己的需求，从而建立牢固的产品信任感，促进产品的就地就时消费。货真价实是体验的关键。

3. 引导对比策略　农产品对比的方式有很多，如观望，看外观；品尝，尝品质；比较价格、重量、产地、颜色、品牌等，通过对比手法强调产品的品质。

4. 公众公益策略　农产品介入公益活动，可提高知名度，可以大范围在各种渠道进行销售，同时有利于农产品品牌建设。

5. 小范围团购和礼品销售策略　小范围的团购包括机关食堂、各办事机构、单位等。同时可以通过对农产品的包装与贴牌，把一种简单的农产品包装成时尚的礼品包装，满足特殊需求。由于我国节日特别多，节庆农产品礼品销售将大受欢迎。

6. 社区活动推广策略　社区活动要贴近消费家庭的实际需求，如赠送厨房用具等。小区设摊、节日活动庆祝、社区组织活动介入等，应长期不停地搞，把社区作为产品宣传的一块阵地，效果非凡。

7. 个体直销策略　农产品在各地可以与当地的社区便利店有效结合起来，如水站、洗衣店、小卖部、茶楼、社区会所等，通过对接，把农产品的信息发布出去，可大大加快产品的直接销售。

8. 网络广告策略　在网络上进行产品宣传已越来越流行，网络要重点介绍产品的生产、销售过程，突出产品的营养价值，明确产品的目标。这样的宣传在网上越流行，产品的知名度就越高，可促进产品的销售。

（资料来源：安徽农民专业合作社网，2011 年 7 月 22 日）

三、农产品订单直销

1. 农产品订单直销的概念

农产品订单直销是由农产品加工企业或最终用户与农产品生产者直接签订购销合同，生产者根据合同安排生产、定向销售的直销形式。如粮食加工企业与农户直接签订单订购粮食、学校食堂与农户直接签订单订购蔬菜等。订单销售是先找市场后生产，既避免了生产的盲目性，又适应了市场的需要，较好地解决了农产品卖难的问题。

小贴士

农产品订单直销的主要形式

(1) 农户与科研、种子生产单位签订合同。

（2）农户与农业产业化龙头企业或加工企业签订购销合同。

（3）农户与专业合作经济组织、专业协会签订合同。

（4）农户与其他最终用户签订合同。

无论通过哪种方式，都要以搞好产销衔接为重点，以保护农民利益为核心，因地制宜地发展订单直销。

◆讨论　农户与专业批发商或其他中介商签订订单合同，是订单直销形式吗？

■ 拓展阅读

农产品订单直销发展中存在的主要问题

1. 存在盲目签订合同现象　有的生产者对订单农业认识不清，对订单农业特定的用途、需要的条件了解不够，只凭一腔热情，随意签下一些不切实际的虚假单、模糊单，这会导致很大的风险，造成不应有的损失。

2. 订单农业合同不规范　有的合同主体不明确，以乡（镇）政府或村委会的名义与客户签订订单农业合同，但这二者并不具备履约能力，一旦发生经济纠纷，很容易造成真正当事人缺失以致无人负责的局面；有的合同内容不详细，对合同履行期限、地点和方式、违约责任或争议解决办法等一些关键内容缺少明确规定；有的合同具体规定不合理，在一定程度上影响了合同的可操作性。

3. 当事人诚信意识和法律观念不强　当农产品市场价格低于合同收购价格时，有的企业和经纪人会因无利可图而毁约，订而不收或者压价收购，使农民蒙受经济损失；反之，当市场价格高于订单价格时，有的农民也会毁约，从眼前利益出发，把产品卖给其他收购者，损害了客户的正当权益。上述两种情况都会影响订单农业的健康有序发展。

4. 农产品质量不合要求，技术水平低　有的农民缺乏守约意识，不是按照约定的标准加强生产管理，而是单纯追求数量，致使生产的产品达不到合同要求的质量和标准，导致履行订单时产生争议，出现毁约现象。

2. 农产品订单直销的实施要点

要做好农产品订单直销，需要从寻找农业订单、签订农业订单、履行农业订单三方面着手（表6-3），并发挥地方政府的引导、服务、规范和监督作用。

表 6-3 农产品订单直销的实施

要　素		操作方法
寻找农业订单		县乡政府帮助农民找订单； 通过农产品推销能人找订单； 通过参加农产品交易会找订单； 通过网络寻找订单； 通过农业中介服务机构找订单
签订农业订单	诚信考察	要搞好签约企业的资信调查，全面了解企业的经营、管理、运作、履约能力等情况，选择信誉好、实力强、运转正常的企业作为合作对象
	市场调研	多渠道、全方位地搜集信息，掌握农产品的供求信息，了解订单农业的适用范围。 一些常规性农产品由于种养的普遍性，企业选择余地比较大，往往导致订单关系脆弱，造成毁约现象。而特色农业、优质农产品以及专用性比较强的农产品，因为具有特有性，合同关系相对比较稳定。因此，要把订单农业重点放在名特优农产品和专用农产品上
	订立合同	发展订单农业，必须签订完备、严密、可操作的合同，尽量避免因约定不明发生争议，特别是要把当事人的名称和住所、标的、数量、质量、价格、履行期限、地点和方式、违约责任、解决争议的方法等条款列详细、订明白，这是防止企业毁约的有效手段。 以下订单签不得：来路不明的订单、收押金的订单、口头承诺的订单、脱离实际的订单等
履行农业订单	维护订单的严肃性	要加强对法律法规知识及相关政策的宣传力度，增强合同双方的法律意识，引导农民和企业树立法制观念，提高诚信意识，依法认真履约，维护订单合同的严肃性
	注重提高农产品质量	要加快推进标准化生产和管理，大力推广先进科学技术，采用科学管理方法，努力提高农产品的品质，进一步增强农民的质量意识、标准意识，严格按照订单的要求履行职责，以良好的信誉和高质量的产品树立形象，赢得更多的订单

实行订单直销的各环节，地方政府要做好引导、服务、规范和监督工作。

■ 拓展阅读

让农民安心的订单式销售

为破解农产品卖难的问题，近年来，江西省峡江县坚持用工业化的理念、市场化的运作抓农业，积极扶持示范带动力强、经济效益明显的粮食、水果、蔬菜等深加工企业，促进农业单户经营向规模经营转变。

　　峡江县积极在企业和农民之间牵线搭桥，引导青池食品、杰亚蔬菜等10 余家农业龙头企业进村入户，与农民面对面签订单，让农民安心种植。除了让企业和广大农民签下订单外，该县还联合企业，抽调专业技术人员对大棚架设、测土配方、种子选购、合理施肥、田间管理等环节进行全程技术指导，实现科学种植。至 2013 年 5 月，峡江县有近万农民与农业龙头企业签订了农产品销售订单。

（资料来源：品牌江西网，2013 年 5 月 15 日）

◆启示　政府在农产品订单式销售中起重要的作用。

四、观光采摘直销

1. 观光采摘直销的涵义

　　观光采摘直销是农产品生产者在游客观光、采摘、垂钓等活动中，直接推销自己农产品和服务的一种直销形式，是随着观光农业的兴起应运而生的。

　　观光农业是为满足人们精神和物质享受而开展的，可吸引游客前来观赏、品尝、购物、习作、体验、休闲、度假的现代农业形态，是旅游业与农业交叉的新型产业。观光农业以"绿色、参与、体验、休闲"为特色，游客在直接接触、观赏、享受的过程中，引发消费欲望，促进农产品的直接销售。

小贴士

影响观光采摘运行的主要因素

　　1. 单纯模仿，产品缺乏特色　目前多数观光采摘园相互模仿，产品雷同单一，缺乏个性和特色，缺乏精品和亮点，难以满足游客的深层次需求，造成游客逗留时间短，消费支出受抑制，游客重游率低。

　　2. 季节性强，造成资源的浪费　由于农产品生产的特殊性，观光采摘园的季节性较强，存在着明显的淡旺季差别。旺季车水马龙，淡季门庭冷落，造成了资源的浪费。

　　3. 基础和服务设施不完善　基础设施和公共服务体系建设滞后，是观光采摘园的普遍问题。有些景区道路凹凸不平，狭窄难行，可进入性非常差；有些景区卫生及住宿条件让人望而生畏，让游客感觉是在花钱买罪受，大大制约着出游率、重游率。

4. 人员素质差，服务水平低　大多数观光采摘园都是在原有生产基地的基础上开发而成的，经营人员以当地农民为主，他们在长期的生产活动中形成了自由散漫的习惯，又因未受专业培训，旅游服务意识较差，服务质量较低，容易引起顾客的不满。

5. 缺乏品牌意识，知名度低　多数采摘园经营者缺乏营销观念，在品牌建设上投入少，仅仅靠原始的"口碑"进行品牌传播，在市场上的知名度不高，观光采摘的人流量少，限制了其综合效益的提高。

拓 展 阅 读

观光农业的主要类型

1. 观光采摘园　在城市近郊或风景区附近开辟特色果园、菜园、花圃、鱼塘等，让游客入内摘果、拔菜、赏花、垂钓，享受田园乐趣。该类型以农业生产作为主要收入来源。

2. 高科技农业示范园　农业科技含量较高，通过展示现代农业高新技术、先进设施和名特优新农产品品种等，将农业高新技术的示范推广、休闲观光、科普教育等融为一体。

3. 农家乐　以农民家庭为基本接待单位，把"吃农家饭、住农家屋、干农家活、享农家乐"作为主要内容，使游客品尝到原汁原味的农家饭菜，体验到淳厚的农家风情，获得旅游活动、餐饮、农产品销售等方面的综合效益。

4. 休闲农庄　利用当地特有的农业资源、人文资源、自然景观等，以高山、森林、泉水、人文古迹等为吸引物，为游客提供多种观光休闲活动。以旅游收入作为农业收入的主要来源，农业生产服务于旅游业。

2. 观光采摘直销的实施要点

针对影响观光采摘运行的主要因素，搞好观光采摘直销要做好创新特色产品、突破季节性限制、抓好基础设施建设、提高服务水平、强化品牌意识五点（表6-4），并发挥各级政府的引导、管理和支持作用。

表6-4　观光采摘直销的实施

要　素	操作方法
创新特色产品	培育有机、绿色产品，可依托科研院所引进高科技，采用先进农业生产技术，给游客提供真正的绿色食品，提升观光采摘园的档次
	引进一些本地没有的新奇特产品品种，满足消费者求新、求异、求变的心理，促进产品的销售
突破季节性限制	依托设施农业栽培反季节品种，反季节栽培虽然起步投入较大，日常管理技术较为繁杂，但投资回报快
	合理搭配产品品种，突出多样性与观赏采摘的持续性。有能力的采摘园要努力做到四季有果有菜有花，形成不同的季节特色
抓好基础设施建设	争取政府的政策、资金支持，修整道路，设置停车场
	建造服务接待设施，搞好园区绿化美化等，使之具备舒适性、观赏性，完善休闲观光功能
提高服务水平，加强从业人员培训	邀请有关专家教师或有关部门负责人对服务人员进行培训
	采取定期或不定期、集中或分散等多种形式对从业人员进行农业科技、民俗文化、礼貌礼仪、卫生安全等方面的培训，提高从业人员的综合素质，使采摘服务更加专业化、职业化
强化品牌意识，加大营销力度	户外广告宣传，在高速公路沿途设置巨大的广告宣传牌，公路两旁设立旗帜小广告，印刷宣传折页等
	依托报刊、电视、互联网等媒体，以新闻事件的形式，向公众多渠道宣传推介，以此来提高品牌的知名度和影响力
	采摘园经营者要增强品牌意识，积极参与举办各种农事节庆活动和主题活动，筹划和推介采摘旅游项目，加大品牌宣传力度

拓展阅读

常青树休闲农庄发展旅游采摘的成功经验

1. 多品种栽植，实现四季常熟常青　一般水果大棚，都以单品种居多。为满足游客的采摘需要，常青树休闲农庄采用多品种栽植，以草莓、大樱桃为主，兼种甜瓜、油桃、葡萄、蓝莓、花卉以及各种蔬菜。产品的多样化，在增加观赏性的同时，实现四季常熟常青，满足不同季节的采摘需求。

2. 采用有机栽培技术，为游客提供安全健康食品　为给游客提供安全健康食品，农庄采用有机作物栽培技术。在产品生长过程中，不施化肥、不打农药、不打催熟剂，生产有机食品，既让游客吃得放心，又大大增加经济效益，在市场上树立了良好的产品信誉和品牌效应。

3. 开发高台种植，方便游客采摘 草莓贴地而生，需哈腰下蹲采摘，既不方便，又劳累腰腿。通过学习外地经验，常青树农庄进行部分高台种植试验，利用墙体将地面抬高 80 厘米，游客不用哈腰下蹲，站着即可采摘草莓，极大地方便游客采摘，对老年人和腰腿不便的游客更是体现出人性化关怀。

4. 经营项目多元化，满足游客多种需求 在常青树休闲农庄，游客既可以在大棚内体验采摘乐趣，也可品尝农家餐饮风味。棚头房内配备电热式火炕和包括棋牌在内的多种娱乐休闲设施，可满足游客住宿休闲需要。农庄内有鹿园、垂钓池，游客可进行晚间篝火、K 歌等休闲娱乐活动。农庄还可举办小型会议、聚会、摄影等活动。

5. 开发包装，打造品牌，提升品质 草莓属浆果，贮存和运输过程中容易产生触碰挤压，影响品质，常青树农庄开发设计了一种窝槽式塑料存储盒及外包装盒。这种包装使每个草莓有一个独立空间，相互没有触碰挤压，保证草莓品质完好。由普通的消费品变成精美的馈赠礼品，草莓售价大幅度提高。

6. 举办节庆活动，推动产业发展 自 2010 年起，常青树休闲庄园承办两届大连庄河草莓节，不仅提高了农庄的知名度，宣传了"常青树"品牌，也推动了光明山地区乃至大连市草莓产业的发展。草莓节的举办，吸引了全国各地的客商，草莓价格节节攀升，供不应求。

(资料来源：大连旅游网，2011 年 5 月 13 日)

◆启示 常青树值得借鉴的做法：产品多样化、常年化、有机化；设施人性化、多功能化；经营项目多元化；产品品牌化（精美包装、宣传推广）。

案例分析

◆ 阅读案例

一种全新的订单农业

在湖北省丹徒区黄墟镇，出现了一种全新的订单农业模式。推广这种新型订单农业的是国家级农业产业化龙头企业——温氏畜牧有限公司，该企业在黄墟镇的主要业务是养鸡。

这种新型的订单农业新在哪里呢？简单地说，参加这种新型订单农业的农民只是来料加工者，基本不需要投入，更不需要担心产品销售，从而规避了一般订单农业实施过程中农民可能存在的风险。

农民是怎么进行"来料加工"的呢？所有种鸡是公司无偿提供给农民的，整个饲养过程中需要的饲料也是公司无偿提供的。由于这种养鸡方式有别于传统的养法，技术要求非常严格，公司配备了相当强大的技术力量，这些技术人员每天的工作就是到养殖现场帮助农民解决技术问题，并提供防疫药品，这一切也全部是免费的。

农民需要做什么呢？农民需要做的是建鸡舍、养鸡。一般来说，每平方米鸡舍可以养 10 只鸡。每只鸡的收购价格是固定的，公司保证农民每养一只鸡至少可以赚到一元钱。到了可以出售的时候，公司就会上门，农民"来料加工"过程就结束。

（资料来源：湖北省工商行政管理局网，2010 年 5 月 31 日）

◆ 分析讨论

1. 这种新型的订单农业好在哪里？
2. 请结合当地实际谈谈如何搞好订单农业？

◆ 阅读案例

阳台盆栽　既饱口福又增绿意还能盈利

人们对食品安全日渐关注，对美化生活的多样化需求也越来越大，创意巧妙的阳台盆栽蔬菜应运而生。盆栽蔬菜既可食用，又有极强的观赏价值，同时还发挥净化城市空气的社会环境价值，值得推广提倡。

盆栽蔬菜有观赏类的，如羽衣甘蓝，叶茎有黄、白、红、紫红等颜色，令人赏心悦目；有果实类的，如五彩椒、飞碟状的南瓜、手指般粗的黄瓜、五指形的茄子，能食用。当然，很多种类其实既可观赏又可食用。

经营户王某从"阳台盆栽蔬菜"热销中发现商机。经过几年的发展培育，他的盆栽蔬菜产业已经营得风生水起。

从 2010 年开始，王某着手做盆栽蔬菜，最初主要以观赏为主，2011 年开始以食用为主，市场越来越大。2010 年全年销量六七千盒，现在一天销量两三千盒。在他的盆栽蔬菜培育基地，所有的果蔬都被栽种在花盆里，或摆在地上，或分层次陈列在架上，看起来很像立体种植园。

在经营上，王某实行会员制营销方式。会员只需办一张卡，一次可来基地带 7 盒果蔬回家，回去放在阳台上浇水后就可以吃上新鲜无公害的蔬菜了。同时，他的盆栽果蔬基地还通过物流方式将业务扩大到几百公里外的大中城市。

除了普通蔬果之外，王某还开发了 30 多种保健菜。这类蔬菜多为野菜，具有食疗作用，投放市场后受到广大顾客的欢迎。

（资料来源：中国园林网，2012 年 9 月 19 日）

◆ **分析讨论**

针对观光采摘产品的特色问题，以上资料给我们带来什么启示？

■ 实 训 活 动

本地区农产品观光采摘直销情况分析

◆ **实训目的**

1. 了解本地区观光采摘园的运行情况，总结其成功经验，分析存在的问题。

2. 掌握农产品观光采摘直销运作的流程。

3. 锻炼实地调查的能力。

◆ **实训步骤**

1. 学生分组，一般 3～5 人一组。

2. 了解实训注意事项。

3. 以小组为单位，去当地的观光采摘园体验采摘直销过程。

4. 小组讨论，整理分析资料，完成下表：

观光采摘园（名称）	运行状况	值得借鉴的地方	存在的问题	改进建议
	（1）产品品种 （2）基础设施 （3）服务水平 （4）知名度			

5. 提交实训报告，班级交流。

◆ **实训地点与学时分配**

1. 地点：当地观光采摘园。

2. 学时：课余时间（3 天左右）实地调查，2 学时课堂交流。

■■ 能力转化

◆ 填空题

1. 农产品零售直销的主要形式有_____、_____、_____、_____、_____、_____。

2. 签订订单农业合同时要慎重，以下订单签不得：脱离实际的订单、_____、_____、口头承诺的订单。

3. 观光农业主要分为以下类型_____、_____、_____、_____。

◆ 判断题

1. 农产品直销可降低营销成本，进而降低产品售价，对买卖双方都有利，因此，农产品生产者在营销能力和实力具备的条件下，可选用直销方式。（　　）

2. 农业订单内容一般应包括农产品的品种、数量、质量和价格。（　　）

3. 只要农产品有特色，就可以搞好观光采摘直销。（　　）

◆ 思考题

1. 选择农产品直销方式的适宜条件有哪些？

2. 简述做好农产品零售直销的注意事项。

3. 如何寻找农业订单？

4. 签订农业订单时应注意哪些问题？

5. 搞好观光采摘直销有哪些关键点？

◆ 实践题

上网查找各地农产品直销的现状，总结其经验教训，为创新本地区农产品直销模式提出建议。

项目二　农产品间接销售

✖ 学习目标

● 知识目标

1. 明确农产品间接销售的主要模式，理解代理商、经纪人与经销商的区别。

2. 了解农超对接的不同方式及制约因素，掌握农超对接的实施要点。

● 能力目标

1. 掌握农产品农超对接操作的基本技能。

2. 学会根据实际情况，选择合适有效的农产品间接销售渠道。

● 素质目标

培养积极探寻农产品销售渠道的意识。

▮ 案例导入

红枣的分销

学生经实践调查了解到，某地区农户的土特产——红枣主要通过以下途径销售：

(1) 本市各大型超市，以包装设计较好的产品为主。

(2) 多数社区便利店，产品以中低档、散装为主。

(3) 本市各土特产专卖店，品类最为齐全。

(4) 少数直营店，产品陈列与展示好，服务好，价格较低。

(5) 某些机关单位，团购及集团消费是销售的有益补充，以节日为主。

(6) 个别土特产批发商，放货价格低，以量取胜，主要销往外地。

◆ 思考

1. 试着画出红枣的不同分销渠道示意图。

2. 该地区红枣的销售主要运用了哪些类型的分销渠道？

▮ 知识储备

一、农产品间接销售概述

1. 农产品间接销售的概念

农产品间接销售是指农产品生产者通过中间商把自己的产品卖给消费者或用户的销售方式，包括一级渠道、二级渠道、三级渠道等（图 6-2 至图 6-4）。

图 6-2　农产品间接销售一级渠道模式

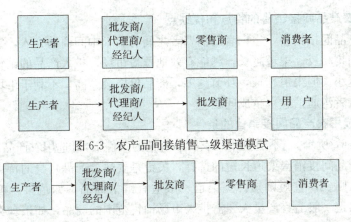

图 6-3 农产品间接销售二级渠道模式

图 6-4 农产品间接销售三级渠道模式

■ 拓展阅读

中间商的种类

1. 按是否拥有商品的所有权分

(1) 代理商、经纪人。代理商是指接受生产者委托，从事商品销售业务，但不拥有商品所有权的中间商。他们只按代销额提取一定比率报酬，不承担市场风险。

经纪人与代理商类似，自身并不拥有商品和货币，只为买卖双方牵线搭桥并协助他们进行谈判，在促成交易后，由委托方付给佣金。

(2) 经销商。是从事商品流通业务，并拥有商品所有权的中间商，包括享有所有权的批发商和零售商。在买卖过程中，他们要承担经营风险。

2. 按在流通过程中的作用不同分

(1) 批发商。是指主要从事批发业务，将商品批量销售给转卖者或者生产者的中间商。按经营业务内容分为专业批发商、综合批发商；按经营地区分为生产地批发商、销售地批发商。

(2) 零售商。是指将商品直接销售给最终消费者，以经营零售业务为主要收入来源的中间商。具体有以下几种：

①有店铺零售商，包括百货商店、超级市场、便利店、专营店、折扣店、专卖店、购物中心等。

②无店铺零售商，主要包括上门推销、电话订购、邮购公司、自动售货机、网上商店等。

2. 农产品间接销售的特点和优缺点

农产品间接销售，生产者与消费者之间有若干中间商的介入，它的优缺点与直接销售相反。渠道越长，越能有效地覆盖市场，扩大产品的销售范围，市场风险越小。但渠道越长，环节越多，商品价格会越高，不利于市场竞争，同时与消费者沟通信息也越成问题。

3. 选用农产品间接销售的条件

如表6-2所示，当不适宜采用农产品直销的条件下，可选用农产品间接销售。

农产品间接销售渠道长短的选择，关键是要适合产品自身的特点，权衡利弊，宜长则长，宜短则短。短渠道一般适宜鲜活商品，如蔬菜、鱼虾、糕点等。长渠道一般适宜产量大、需扩大市场销售范围的商品，如粮食类。

从图6-2至图6-4可看出，农产品间接销售的方式主要有零售商销售、批发商销售、代理商销售与经纪人销售。下面着重介绍农产品经纪人销售和零售商销售中的新形式——农超对接。

二、农产品经纪人

1. 农产品经纪人的概念

农产品经纪人是指从事农产品收购、储运、销售以及销售代理、信息传递、服务等中介活动而获取佣金或利润的组织或个人。

经纪人活动的目的是为了得到佣金。简单地说，佣金就是跑腿费、服务费，是因为经纪人为买卖双方提供了交易信息、人员服务、交易场所、仓库、保管、运输等而收取的服务费。对农产品经纪人来说，除了通过中介服务，获取佣金外，还通过自营农产品，赚取购销差价。

2. 农产品经纪人的种类（表6-5）

表6-5　农产品经纪人的种类

分类标准	类　　型	内　　容
按经纪业务划分	销售型经纪人	从事农产品的购销活动，把农民生产的产品收过来再卖出去，把农民需要的生产资料买回来再卖给农民，为当地农产品找市场，实现产销衔接，解决农产品的买难、卖难问题
	科技型经纪人	利用自己掌握的农业科技知识和技能，为农民服务，帮助农民引进并推广农业新品种、新技术，经纪人在为农民服务中获得收入
	信息型经纪人	主要为农户提供农产品科技、市场行情、种植、养殖、加工以及政策等多方面的信息，使农民的产品找到好的销路、卖出好的价格，从中获得一定的信息服务费
	复合型经纪人	既从事农业生产，又搞信息、技术服务，还从事农产品的购销业务。这一类经纪人综合实力较强

（续）

分类标准	类　型	内　　容
按组织形式划分	个体经纪人	经纪人利用自己掌握的知识和信息，奔波于交易双方，撮合成交后，从中获得一定的收益
	合伙经纪人	以一个经纪人带头，其他经纪人分工协作，撮合交易或组织收购，从中获得一定的经济收益
	经纪人协会	有一定的规章制度，有理事会等组织机构，抵御市场风险的能力比较强，组织交易的农产品规模和金额较大
	专业合作经济组织	除具有经纪人协会的功能外，还组织会员进行生产、培训会员，使其掌握相应的生产知识，通过促进产品流通使会员增收
	经纪人公司	经纪人发展的高级模式，需要经纪人具有比较高的素质和管理水平
按经营性质划分	专业经纪人	不从事农产品的生产，专门做农产品销售的人
	兼职经纪人	在特殊的时间段，特别是在农产品收获的季节里，从事农产品经纪活动的人。既从事农产品生产活动，又从事农产品销售活动

3. 农产品经纪人的主要经纪活动

（1）居间活动。指经纪人为交易双方提供市场信息、提供交易条件以及媒介联系，撮合双方交易成功的商业行为。

［案例1］　山西省某村的老李从网上了解到北京有一家酱菜公司需要大量白萝卜，老李的村子今年刚刚收获了很多白萝卜，乡亲们正愁卖不出去，于是老李就联系上这家酱菜公司。酱菜公司决定利用老李的庭院收购白萝卜，老李为酱菜公司提供了市场信息，提供了交易场所，作为交易双方的撮合人，老李要收取中介服务的佣金。此时，老李的行为即为居间活动。

（2）行纪活动。指经纪人根据委托人的委托，以自己的名义与第三方进行交易，并由经纪人承担规定的法律责任的商业行为。

［案例2］　在案例1中，若老李联系上这家酱菜公司后，该酱菜公司不亲自去收购白萝卜，而是委托老李按照公司规定的价格和质量要求收购一定数量的白萝卜，完成任务后付给老李一定的佣金。这种情况下，老李以自己的名义收购白萝卜，在收购过程中出现的所有问题，老李要负责处理和解决。此时，老李的行为即为行纪活动。

（3）代理活动。指经纪人在委托权限内，以委托人名义与第三方进行交易，并由委托人直接承担相应的法律责任的商业行为。

[案例3] 在上例中，老李联系上这家酱菜公司后，该酱菜公司委托老李按照规定的价格和质量要求收购一定数量的白萝卜，完成任务后付给老李一定的佣金。这次，老李不是以自己的名义而是以该酱菜公司的名义收购白萝卜，在收购过程中出现的所有问题，老李不承担责任，而是由酱菜公司来承担责任。此时，老李的行为即为代理活动。

（4）自营活动。经纪人不是靠撮合别人的交易和接受别人的委托从中收取佣金，而是自己通过低价买进、高价卖出行为，从中获取差价赚取利润。

[案例4] 老李在知道酱菜公司想要白萝卜的价格、数量、品质以后，以自己认为合适的价格，自己出钱从乡亲们手里收购白萝卜，然后卖给酱菜公司，从买和卖中间赚取价格差。老李要承担买和卖中间出现所有问题的全部责任。此时，老李的行为即为自营活动。

4. 农产品经纪人的作用

（1）促进农产品流通。农产品经纪人既具有丰富的交易经验和交易技巧，对买卖双方的行情比较熟悉，又拥有集中的市场信息，因而可以比较顺利地开展中介业务，以理想的价格、最短的时间沟通交易，从而大大加快农产品流通的过程。

（2）优化农业产业结构。农产品经纪人掌握着农产品的供求状况，担负着农产品市场变化的信息传递任务，对农业生产起着一定的引导作用，使农业的产业结构随着市场发展趋势逐渐趋于合理。

（3）更新农民生产经营观念。农产品经纪人往往有着较强的市场经济意识和一定的组织能力。以经纪人的行为和观念作为先导，把新的信息、好的观念带到农村，传给农民，培养和加强农民的市场意识，使农产品更快、更好地走向市场。

■ 拓展阅读

农产品经纪人搞活农村经济

广东省雷州市英利镇潭龙村的符注，是远近闻名的农产品经纪人。当经纪人14年来，他一手拽着东北各大客商，一手托着当地十多个村的种植农户，经手帮农户销出去的瓜菜，每年都不少于几千吨。近日，在符注的瓜菜收购点，载着尖椒的农用车不断从四面八方开来，挤满了收购点，收购的、过磅的、分级包装的、装车的一派繁忙景象。符注的电话响个不停，都是椒农打电来订任务的。椒农符才的27亩尖椒，当天又卖了9万多元。以前遇上尖椒丰收年，椒农们总是担忧销路问题，自从符注在村里设起收购点，引来外地老板蹲点收购，椒农们又方便又放心了。

雷州市有不少农产品经纪人，分散在乡间地头的更是数不胜数，几乎每个村都有。他们不仅帮助本地瓜菜打开销路，也给农民提供了最新、最快、最准的市场信息，引导农民"顺市而种"。丁满村的农产品经纪人徐迅多年帮助外地客商收购瓜菜，他发现苦瓜改良品种"双赢""绿富豪""早乐"，果大果长，色泽亮，很受北方老板青睐，且早熟高产。发现这一规律后，徐迅引导当地种植大户，选择改良品种，合理安排采摘期。种植大户尝到了甜头，优良品种就在当地群众中推广开来。徐迅又当起种子"红娘"，还垫钱采购良种种子，先给瓜农种植，而且还借钱给部分瓜农作生产成本，缓解困难群众"种瓜难"的烦恼，大大促进了产业的发展。

2011年，农产品经纪人纷纷在村里建起收购点，带动英利镇的尖椒、苦瓜、雪豆产销两旺。不少东北、浙江等地的大客户通过经纪人，纷纷到乡下蹲点收购。农产品经纪人主要帮助老板收货，提供场地、包装、人工等一条龙服务，老板按货量结付货款和手续费。

2011年，潭龙村共有6个经纪人设起收购点，每个收购点每天雇工打包装、装车的不少于30人。粗略计算约有180个村民在家门口打工，每人每天70元，还包吃，比去外地打工好得多。

在潭龙村的各个收购点附近，开设了好几间乡村食馆，每天都引来客商和椒农用餐，座无虚席。自从村里设起收购点，小符放弃去广州打工，回村开乡村食馆，生意很火红，接待卖椒的、收椒的、打工的，有时也忙到半夜3点钟，他还准备再雇几个帮手。

普通农民成了经纪人，他们立足本土，为农民服务，把农产品对接市场，激活销路，不但促进了农业经济的发展，而且拉动链条经济，带旺一方发展。

（来源：辽宁金农网，2012年1月29日）

◆思考

1. 农产品经纪人对"三农"的意义。

2. 农产品经纪人的经纪活动有哪些？

三、农超对接

1. 农超对接的涵义

农超对接是指农户或农产品生产企业和超市签订意向性协议书，由其向超市直供农产品的一种新兴的农产品流通模式，主要是为优质农产品进入超市搭建平台。

2. 农超对接的优点

（1）减少了农产品流通环节，增加了农民收入。农超对接，减少了流通环节，通过直接采购可以降低流通成本 20%～30%，给农民增加收入的同时也给消费者带来了实惠，是一种"惠农利民"的流通模式。

（2）按需生产，减少盲目性。农超对接便于将销售信息及时准确地反馈到生产环节，使农户及时调整生产规模和产品结构，真正做到市场需要什么，农户就生产什么，避免了生产的盲目性，有效地降低了市场风险。

（3）保障农产品安全。农超对接可使超市获得数量稳定、质量可靠、卫生安全的农产品货源，提高了市场竞争力，促进了农产品的销售。

总之，农超对接稳定了农产品销售渠道，促进了农民增收，市民能买到安全、新鲜、价格不贵的农产品，超市也提高了盈利水平，是一个农户、消费者、超市三方共赢的流通模式。

3. 农超对接的主要模式

（1）超市＋农业合作社＋农户。超市向符合要求的农业合作社进行采购，合作社再组织社员进行生产。

（2）超市＋农业龙头企业＋农户。超市通过农业产业化龙头企业为中介同农民合作，为合作对象提供专业的农产品种植养殖技术或资金，建立食品安全监督体系等，使其产品达到农产品安全标准。

（3）超市＋供销社＋合作社＋农户。超市不直接和合作社进行对接，而是通过当地的供销社与合作社、农户进行对接。供销社帮助合作社建立标准化的生产基地，合作社再组织农户进行生产。

（4）超市＋合作农场。超市入股农业生产企业，合作开发自有农场。农民把土地租借给企业，或者以土地入股，由企业直接投资设立农产品生产基地，聘请当地的农民为员工进行农业生产。农民只需提供劳务即可。

（5）超市＋大户＋小户。超市与农业生产大户对接，大户负责对小户农产品的集中储运，协调小户农产品种类的选择，上门进行技术指导。

 拓展阅读

制约农超对接开展的因素

1. 农产品生产的规模化、标准化水平低 　农超对接中，超市追求的是规模效益，在农产品经营过程中是通过大规模采购和统一标准来降低整体性采购成本的，对农户或合作社有一定的规模要求和品种要求。但是农产品生产大部分仍处于"一家一户"的分散状态，由于总产量小、品种有限、标准不统一等问题，对接超市几乎成为一种奢望。

2. 超市门槛高　超市对农超对接设置了严格的准入门槛，包括对农民专业合作社的资质要求，要有符合超市要求的基本生产能力和规模，要有一定的储运条件完善的管理制度等。此外，进超市要交进场费，包括条码费、节庆费、促销员管理费、陈列费等，这些使农产品直接进入超市屡屡受阻。

3. 货款结算周期长　超市货款结算一般采用银行结算支付方式，有固定转款周期，农产品供货方有时需要一两个月才能收到货款，这让很多急需资金周转的小型合作社和农户难以接受。农民参与农超对接的积极性受到一定影响。

4. 超市税收负担重　超市经营农产品要按规定缴纳增值税和营业税，与农贸市场只需缴纳定额税相差太大，税收负担要比农贸市场高得多。虽然超市购进农产品可以抵扣 13% 的进项增值税，但目前执行起来困难重重，影响超市开展农超对接的积极性。

5. 物流配送落后　多数合作社与中小超市没有完善的物流配送中心，处于规模小、设施简陋、现代化程度低的阶段，很难支持农产品的及时有效配送，不能对农产品进行流通加工，损耗居高不下。

4. 农超对接的实施要点

针对制约农超对接开展的因素，要做好农超对接，需要从以下几方面着手（表 6-6）：

表 6-6　农超对接的实施要点

要　　点	操作方法
提高农民组织化程度	积极引导专业合作社进行合作或者成立以某种产品为纽带的专业合作联社，培育专业化、规模化程度高的农产品生产基地
把好农产品质量关	合作社要把农产品质量安全视为生命线，健全质量安全管理体系，切实加强生产、流通配送等各环节的管理
	农民要提高质量意识，严格按照超市标准进行农产品生产，走生态和有机的新路，确保农产品的品质和安全

（续）

要　点	操作方法
缩短货款结算周期	超市可推行"现金现货"的经销模式，以吸引更多、更好的农产品来充实超市货柜； 可由政府牵头建立一个超市、供应商和银行的三方系统，每一次交易完成后，超市开出"已收单"列入货款金额，合作社凭据到相应的指定合作银行即可兑现，以解决农超对接中结算慢的问题
优化税收政策	政府应给予超市经营农产品的税收优惠，为超市与农贸市场创造相对公平的竞争环境； 尽快推行全国统一的农产品收购发票，实现跨区抵扣，减少连锁企业的税收负担； 在减少税费的情况下，可要求超市降低直至取消各种农产品进场费
完善物流配送	有能力的超市要建设现代化的物流中心，做到采购、检验、加工和冷链配送一体化，降低成本，体现价格、质量和服务优势
	政府应重点支持合作社冷链系统、加工配送、检验检测等硬件设施建设

 拓 展 阅 读

"家家悦"农超对接的成功经验

1. 与基地建立稳定联系，并坚持"一手牵两头" 一方面，"家家悦"与基地农民签订合同，将购销关系稳定下来，建立与鲜活农产品生产基地长期、稳定的合作关系。另一方面，"家家悦"按期对农产品进行收购、加工和销售。使农产品品种、数量与市场需求不对接的概率大大降低。

2. 将农产品质量标准前移的"倒逼"机制 为保证基地鲜活农产品质量，"家家悦"按消费需求为农户制订了统一的生产标准，并在生产过程中为农户提供指导。这种以消费"倒逼"生产的做法大大减少了因产品不合格产生的损失。在"家家悦"生鲜物流中心货品交收处，电子屏幕上滚动显示着农户姓名、产品品种、各种质量指标的具体数值。农药残留超标的农户将直接被取消供货资格。

3. 发展连锁，物流先行 食品安全涉及生产、流通每个环节，没有自己的物流体系，对食品安全的监控就会有缺失。2012 年，"家家悦"有6 座现代化物流中心，整体配送能力可支撑 200 亿元的销售规模，有效配送半径 200 公里，对所有门店生鲜产品进行统一配送，真正实现了鲜活农产品"夜里在地里，早上在店里，中午、晚上在锅里"的流通时间表。

4. 大卖场、社区店、农村店兼顾，高、中、低端产品协调发展
2012 年，"家家悦"超市共有 400 家直营店，其中包括大卖场、社区店和 240 多家农村店。定位明确、类型各异的门店共同构成了适宜农超对接模式运行的立体销售网络；而高、中、低端的生鲜产品则兼顾不同的消费群体。

5. 灵活多样地推动合作社发展　"家家悦"超市农超对接模式发展早期，采取了企业主动帮助农民成立合作组织的办法，并且对有困难的农户提供一些资金援助。此后，与"家家悦"超市对接的基地合作方式越来越丰富：一是大户农民牵头，带动周围的中小农户形成一个基地，进而发展成合作社与超市对接；二是镇政府或村委会组织农户联合起来，形成基地与超市对接；三是农科所等基层农业科研机构带动周边农户，形成基地与超市对接；四是农业种植公司同时代管周边农户田地，形成基地与城市对接等。不论哪种合作方式，都以提高生产组织化程度、指导生产、服务农民为目标，直接与超市进行对接。

（资料来源：新华网，2012 年 7 月 19 日）

◆**思考**
1. 家家悦超市与农户是如何对接的？
2. 家家悦农超对接值得推广的做法有哪些？

▣ 案例分析

◆ **阅读案例**

是什么阻碍了农超对接的发展

据山西省美特好超市负责采购的李经理表示，与山东等蔬菜生产发达地区相比，山西省的农民专业合作社并不规范。由于缺乏统一的生产标准，本地产的蔬菜往往在品质、品相上参差不齐，不符合超市的采购标准。除了质量、品种上的不足，还有价格上的差异。从太原市周边采购蔬菜的成本，比从山东购菜的花销还要大。

美特好超市也曾经尝试与本地合作社对接，但由于超市对农户的供货数量、农产品检测等方面有严格要求，而散户和合作社都不能对此作出保证，最后只能作罢。为超市供货，最重要的就是数量的稳定和品质的保证，这是山西省的超市不敢贸然与本地农户对接的原因之一。所以，进大超市门槛较高，除非在当地规模、名气都较大，否则很难有机会进入大型超市。而且农产品进驻大型超市投资大、扣点高、回款周期长，加上经常需要配合超市搞各种特价、促销活动，做不好甚至会赔钱。

（资料来源：山西市场导报，2011年11月3日）

◆ **分析讨论**

1. 案例中阻碍农超对接的因素主要有哪些？
2. 请结合当地实际谈谈应如何开展好农超对接？

◆ **提示**

1. 农民专业合作社的发展。
2. 农产品质量标准的提高。
3. 超市进场费、回款期的改进。
4. 政府扶持力度的加强。

实训活动

调查分析本地区农超对接的现状

◆ **实训目的**

1. 调查本地区的大中型超市，了解其农超对接的模式，分析其值得借鉴的做法和需要改进的问题。
2. 锻炼收集、整理、分析资料的能力。

◆ **实训步骤**

1. 各学习小组合理分工。
2. 考察当地有影响力的大中型超市，了解其农超对接的实施情况。
3. 上网查询有关农超对接的成功做法，收集农超对接的成功案例。
4. 小组讨论，整理分析资料。

超市（名称）	农超对接方式	成功经验	存在问题	改进建议

5. 提交实训报告，班级交流。

◆ **实训地点与学时分配**

1. 地点：营销实训室、大中型超市。

2. 学时：课余时间收集整理资料、2学时课堂交流。

■ 能力转化

◆ 填空题

1. 农产品间接销售的方式主要有_____、_____、_____。

2. 农超对接的主要模式有_____、_____、_____、_____、_____。

◆ 判断题

1. 分销渠道的环节越多，越难控制，意味着分销渠道越短越好。（　　　）

2. 代理商与经销商的主要区别在于：代理商对商品有所有权，而经销商对商品无所有权。（　　　）

3. 参与零售活动的机构，就是零售商。（　　　）

4. 只要有农产品销售经验，任何人都可以成为农产品经纪人。（　　　）

5. 农业合作社规模化、标准化程度的高低是制约农超对接的关键因素。（　　　）

◆ 思考题

1. 连锁商店与特许经营店有何区别？

2. 下列农产品各宜采用什么销售渠道？为什么？
　　A. 鲜花　　　B. 苹果　　　C. 西红柿　　　D. 核桃　　　E. 小麦

3. 搞好农超对接应解决好哪些问题？

◆ 实践题

考察本地某一农产品经纪人，了解其经纪方式及经纪流程。

项目三　农产品网络营销

✖ 学习目标

● 知识目标

1. 理解农产品网络营销的内涵，了解开展农产品网络营销的基本条件。

2. 掌握农产品网络营销的操作方法。

● 能力目标

1. 掌握网络销售操作的基本技能。

2. 能根据实际情况，成功地进行农产品网络营销。

● 素质目标

培养重视、利用高新技术的意识，发挥科技的作用。

■ 案例导入

QQ 里卖鸡蛋　网店上售核桃

刘勇超 2008 年大学毕业后到家乡河北省石家庄市赞皇县承包了 30 多亩地，搭设了鸡舍，决心靠创业带动群众发展高效农业。

创业初期，刘勇超饲养的几百只柴鸡产下的优质柴鸡蛋销售并不怎么顺畅。一次，刘勇超和同学通过 QQ 闲聊，同学一句"通过网络销售"提醒了他。于是，他不断通过 QQ 群发出售优质柴鸡蛋的信息，同时把设在野外的鸡舍、周边的环境、新鲜的柴鸡蛋等图片上传到网上。

很快，山西省运城市的一位商户在网上订购了 1 000 千克柴鸡蛋，市场瞬间被打开。此后，通过 QQ、微博、微信和淘宝订购或前来鸡场直接购买柴鸡蛋的客户络绎不绝。

农民经纪人王庆辉家住河北省平山县小觉镇，是当地最早把农产品卖到网上的农民。他发现很多城里人提倡吃粗粮，就特意去学习电脑知识和网页制作，卖这些城里少有的东西。他把家里收来的核桃、小米、红枣都拍成了照片放到网上。这些颗粒饱满、绿色天然的农产品很快就引起了人们的注意。第一笔生意成交后，王庆辉开始背个袋子，走家串户，看谁家的核桃是当年新打的，谁家的红枣个儿大品质高。

此后，王庆辉利用网络为周边农户查询发布各类信息 1 000 多条，帮助村民销售的农副产品有核桃、大枣、红薯等 10 多个品种，年销售额近百万元。产品卖到北京、河南、山东等地。

（资料来源：石家庄日报，2010 年 7 月 9 日）

◆ 思考　网络营销究竟是什么？是在网上销售产品？是通过互联网发布供求信息？还是在网上刊登广告？请说说你对网络营销的理解。

■ 知识储备

一、农产品网络营销概述

（一）农产品网络营销的含义

农产品网络营销又称为"鼠标＋大白菜"式营销，是农产品营销的新模式，主要是利用互联网开展农产品的营销活动，包括网上农产品市场调查、信息发布、促销、交易洽谈、付款结算等活动。

（二）农产品网络营销的内容

1. 网上调研

通过在线调查表或者电子邮件等方式，可以完成网上市场调研，相对传统市场调研，网上调研具有高效率、低成本的特点。

2. 品牌推广

网络品牌建设以自身网站建设为基础，通过一系列推广措施，达到顾客和公众对自身品牌的认知和认可。

3. 网址推广

网站所有功能的发挥都要以一定的访问量为基础，所以，网址推广是网络营销的核心工作。

4. 信息发布

通过网站发布信息是网络营销的主要内容之一，无论哪种网络营销方式，结果都是将一定的信息传递给目标人群，包括顾客/潜在顾客、合作伙伴、竞争者等。

5. 销售促进

大部分网络营销方法都与直接或间接促进销售有关，但促进销售并不限于促进网上销售。事实上，网络营销在很多情况下对于促进网下销售十分有效。

6. 网上销售

建立自己的网站，利用自身网站实现销售的全部流程，或利用第三方电子商务平台开设网上商店，以及与电子商务网站不同形式的合作，实现农产品的销售。

7. 顾客服务

从形式最简单的常见问题解答，到邮件列表以及聊天室等各种即时信息服务，互联网提供了更加方便的在线顾客服务手段。

8. 顾客关系

通过网站的交互性、顾客参与等方式，在开展顾客服务的同时，也增进了顾客关系。

（三）农产品网络营销的优势

1. 增加交易机会

利用互联网进行农产品营销，能打破传统的时空限制，有利于农户与外界的联系，有利于营销信息的传播和扩散，使更多的客商关注到自己的产品。

2. 节约交易成本

供求双方信息的透明、实时和高度互动性，使农产品营销过程中信息搜寻、条件谈判（议价）与监督交易实施等各方面成本显著降低。

3. 有利于形成农业生产的正确决策

通过互联网，可以使农户和农业企业及时了解相关农产品的市场营销信息，以便农户和企业制订自己的农产品生产、加工、销售等计划，以适应市场需求。

4. 有利于打造农产品品牌

网络环境下信息传递速度快、覆盖面广、宣传成本低，这些都有利于农产品形象的展示推广，提高农产品的知名度，从而建立农产品品牌声誉。

（四）开展农产品网络营销的条件

1. 网络营销的外部条件

包括网络营销基础平台以及相关的法律环境、政策环境、必要的互联网信息资源、农产品品质分级标准化、包装规格化及产品编码化程度等。

2. 网络营销的内部条件

一般来说，农户或农业企业开展网络营销，需要有三方面的条件，即农产品特性、财务状况和人力资源：

（1）农产品特性。网络营销适用于特色农产品、出口农产品、不容易寻找消费者的农产品等。

（2）财务状况。农户和农业企业应根据自身的财务状况，制定适合自身的网络营销策略。在开展农产品网络营销之前，需要对支出进行统筹规划。

（3）人力资源。网络营销人员既要有营销方面的知识，又要有一定的互联网技术基础。要根据人才的状况确定网络营销的应用层次。

小贴士

阻碍农产品网络营销的因素

1. 农村信息网络基础落后　目前计算机和互联网在农村普及率还很低，网络速度较慢、网络运行不稳定等问题还比较普遍。很多地区没有具有区域性影响力的农产品信息网站，农民缺乏信息意识，不知道如何收集、利用、发布信息，不懂得网络信息与他们增收致富的密切关系。

2. 农产品网络营销人才缺乏　目前既有农产品知识，又有营销方面的知识，还掌握一定的互联网技术的人才很少。在一些地区很多农产品经纪人根本就没见过电脑。

3. 农产品生产与运销现代化水平较低　目前，农产品品质分级的标准化、包装的规格化、产品的编码化以及农产品的品牌化程度较低，无法很好地满足网上交易的需要。同时农产品物流配送需要高质量的保鲜设备、一定规模的运输设备和人力，需要大量的投资。这对我国的农民专业组织和农户来说难度较大。

4. 相关的法律体系不完善　由于缺乏完善的法律、法规来约束和规范网上交易行为，目前网上交易还不十分安全可靠，我国的公共政策也未能跟上，存在一系列问题，如资费问题、隐私权问题等。

■ 拓展阅读

在一位南宁卖家开设的网店"当当××"里，分有"时令水果、时令蔬菜、各种干果、婚庆喜糖"四大类，虽然店铺主要以出售特色的热带水果和特产为主，但其中"时令蔬菜"中不乏莲藕、萝卜、玉米、洋葱等市场上常见的菜类，大都3.5千克包邮，每千克的价格在14元左右。

店主很细心地介绍了各种蔬菜的营养价值及食用方法，甚至推荐了几种比较典型的菜谱。但在销售记录的排名单上，名列第一位的是在30天内销售了27笔的广西特产红皮甘蔗，跻身前五位的菜类也只有卖出了5笔的荔浦芋，其他种类的蔬菜似乎无太多人问津。

一位买家的留言或许道出了其中的原因："玉米真的很好，不过可惜运到家都有味了……8天才到……"横亘在网购蔬菜和保鲜期之间的鸿沟依然是距离与保鲜期之间的对决。

二、无站点农产品网络营销

网络营销根据有无自己的网站可以分为两类：无站点网络营销和基于网站的网络营销。

无站点网络营销是指农业企业或农户不建立自己的网站，而是利用互联网上的资源（如电子邮件、QQ等），借助通用的或专业的电子商务平台，如淘宝、阿里巴巴、中国农业信息网等，开展网络营销活动。

无站点网络营销主要开展农产品网上调查、信息发布和在线销售。对于缺少资金实力和互联网技术人才的农户和农业小企业来说，只要拥有上网的条件、学会一般上网的方法就可以。

（一）网上市场调查

在农产品营销过程中，了解农产品的价格、需求等市场信息是非常重要的环节。在传统的方式下，了解市场信息工作量大、时间长，而利用互联网进行农产品市场调查，不受时间、地域的限制，具有方便、及时、费用低的优点。

1. 农产品网上市场调查的方法（图 6-5）。

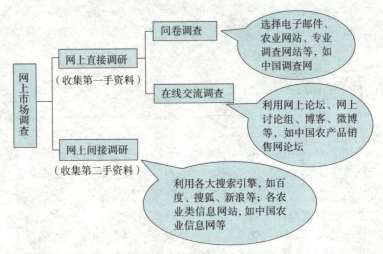

图 6-5　网上市场调查的方法

我国常用的农业信息网站

- 中国农业信息网（http://www.agri.gov.cn/）
- 中农网（http://www.ap88.com/）
- 新农网（http://www.xinnong.com/）
- 新农村商网（http://nc.mofcom.gov.cn/）
- 农博网（http://www.aweb.com.cn/）
- 金农网（http://www.jinnong.cn/）

可通过登录以上农业网站或各省市的农业信息网以及其他相关农产品交易网站，来获得农产品价格信息、农产品需求信息等。

2. 农产品网上市场调查的步骤（图 6-6）

农产品信息收集的内容主要包括所选农产品市场行业最新动态、竞争对手状况、消费者需求情况、价格行情等。

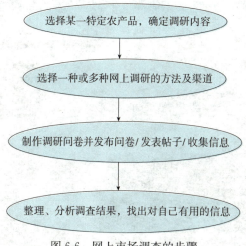

图 6-6　网上市场调查的步骤

小贴士

问卷设计的注意事项

1. 表达要具体，避免抽象笼统　问题太抽象笼统，会使回答者无从答起，很难达到调查的预期效果。如："您对盆栽蔬菜感觉如何？"被调查者搞不清楚是指供应情况还是指价格情况、种植情况等。

2. 内容要单一，避免多重含义　一个问题只问一个要点，不能在一个问题中同时问两件事。如："您认为目前盆栽蔬菜的供应与价位怎样？"

3. 语言要简短、通俗、准确　问题不宜太长、不要用专业术语、不能用含糊不清的词。如："您家的生活消费结构是怎样的？""您是否想购买一些盆栽蔬菜？"

4. 表述要客观，避免倾向性或诱导性　问题不能暗示出调查者的观点和见解。如："盆栽蔬菜既可观赏又可食用，绿色环保，您认为呢？"

5. 避免直接问敏感性问题　如直接询问女士年龄是不礼貌的。

[做一做]

"盆栽蔬菜"网上间接调研收集信息

● **步骤一**　利用搜索引擎如百度，输入"盆栽蔬菜"关键词（图 6-7），通过搜索关键词，获得相关资讯，如适宜盆栽的蔬菜、盆栽蔬菜种植技术等。

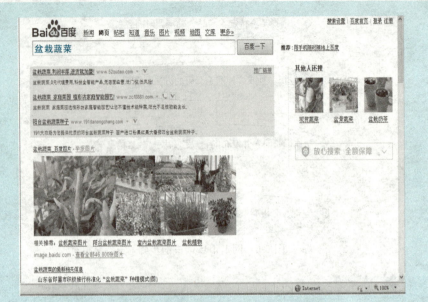

图 6-7 百度收集"盆栽蔬菜"资讯

● **步骤二** 登录农业网站或蔬菜行业专业网站如中国蔬菜网（图 6-8），了解盆栽蔬菜最新动态及交易情况、消费者对盆栽蔬菜的关注热点等信息。

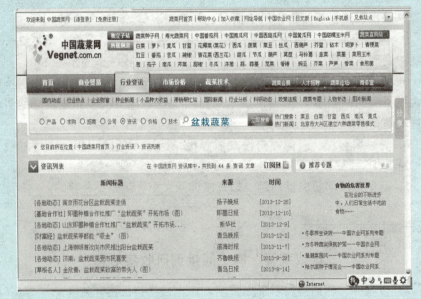

图 6-8 中国蔬菜网了解"盆栽蔬菜"行业资讯

● **步骤三**　利用蔬菜行业专业网站或相关网站查找竞争对手资料，了解客户需求情况（图6-9）。

● **步骤四**　整理分析收集到的信息。

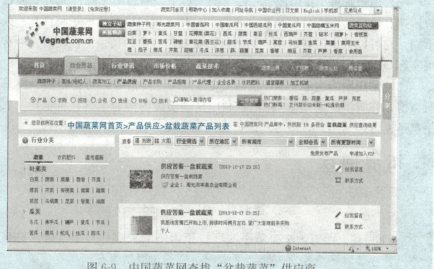

图6-9　中国蔬菜网查找"盆栽蔬菜"供应商

（二）网上信息发布

农户与农业企业可以借助各种网络资源发布农产品信息和企业信息，达到宣传和促销的目的。

1. 农产品信息发布平台

（1）供求信息平台。各农业信息网站或知名综合网站（如阿里巴巴）的供求信息平台是目前应用最为普遍和有效的网络推广方式之一。其服务分为收费和免费两类。有许多网站免费为农户和农业企业发布供求信息提供平台。行业专业信息网有时需要缴纳一定的费用，只要可以带来潜在的收益，这些投入是值得的。

（2）企业黄页或企业大全。即企业名录和简介，通常具有一个网页，企业用来发布基本信息。如新浪企业黄页，网络114企业黄页、3721企业名片服务等。

（3）网络分类广告。网络分类广告是网络广告中比较常见的形式，分类广告具有形式简单、费用低廉、发布快捷、信息集中、便于查询等优点。分类广告有两大类：专业的分类广告网站和综合性网站开设的频道或栏目，如搜狐分类信息等。

（4）网络社区。网络社区包括网上论坛（BBS）、相关网站社区论坛、讨论组、聊天室、博客等形式的网上交流空间。因同一主题集中了具有共同兴趣、爱好的访问者，有众多人的参与，不仅具备了交流的功能，实际上也成为一种营销场所和工具，如阿里巴巴农业论坛、新浪论坛、搜狐社区、西祠胡同等。

（5）电子邮件。在用户事先许可的前提下，通过电子邮件的方式向目标用户传递有价值的农产品信息和企业信息。基于用户许可的电子邮件与滥发邮件不同，它可以减少广告对用户的干扰、增强与客户的关系、促使潜在顾客成为现实客户等。

（6）常用网络沟通工具。包括 QQ、微博、微信等，可在新浪、网易等注册微博，在腾讯注册 QQ、微信，利用这些便捷的沟通工具，将企业、农产品信息迅速传递给用户，跟客户进行交流和互动，实现农产品的销售。

■ 拓展阅读

微博推销农产品兴起

11 月底，西青区辛口镇小沙窝村丁丙刚的大棚沙窝萝卜就该陆续上市了，小丁并不为销路发愁，他掏出手机通过微博发布消息寻找买家。据悉，近年通过微博推销，丁丙刚的萝卜销路大大拓宽，每年的收入比过去单靠农产品市场销售增加至少 5 倍。

丁丙刚和父亲在村里种了 10 多亩大棚沙窝萝卜，年产量大约 50 吨。

2010 年，丁丙刚开始在微博上发布信息推销萝卜。自从开通了微博，他只需动动手指发几条微博就能吸引大量客户，萝卜也被订购一空。而且，萝卜打入了大型超市卖场，一些企事业单位还通过微博订制萝卜礼盒，过去每千克萝卜的销售价格最低时仅 1 元钱，如今最高可卖到 8 元左右。

在丁丙刚的微博中，不仅有沙窝萝卜的种植、成长、销售信息，还有为沙窝萝卜举办的各种展会旅游节的资讯。回复他微博的网友，除了赞美萝卜长势之外，就是要求订购萝卜。

除蔬菜外，微博上销售的农产品五花八门，有水果、海珍品、花卉等。"我浇地去了！看看肥料，都是农家肥……"在微博上，博主们各展所能推销自己的农产品，不仅将果蔬图片、肥料配方在网上实时展示，有的还将全家福和收获时的图片贴到网页上，让自己的产品更具说服力。

（资料来源：渤海早报，2012 年 11 月 11 日）

2. 农产品网上信息发布的步骤（图 6-10）

农产品网上信息发布内容主要包括农产品名称、类别、特点、所在地、发布人信息等。

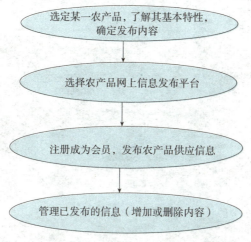

图 6-10　网上信息发布的步骤

[做一做]

在中国农业信息网上发布"盆栽蔬菜"供应信息

● **步骤一**　了解自己要出售的盆栽蔬菜的基本特性。
● **步骤二**　登录中国农业信息网（图 6-11）。

图 6-11　中国农业信息网首页

● **步骤三** 选择服务平台下的"一站通商机服务",注册成为会员(图 6-12)。

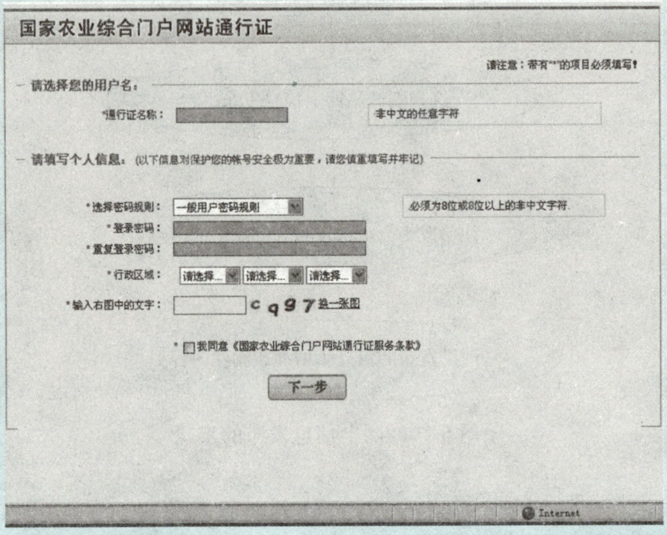

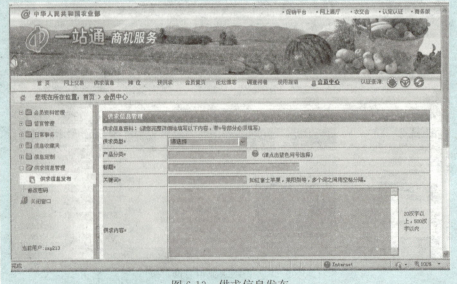

图 6-12 注册会员

● **步骤四** 进入会员中心,选择"供求信息管理"下的"供求信息发布",填写相关内容(图 6-13)。

图 6-13 供求信息发布

● **步骤五**　在"一站通商机服务"平台的"供求信息"搜索栏内可搜索到所填写内容，说明信息发布成功。

● **步骤六**　进入会员中心，可对已经发布的信息进行管理（图6-14）。

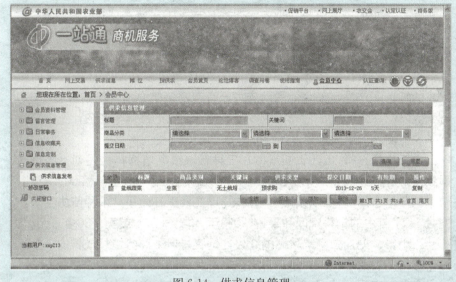

图6-14　供求信息管理

（三）网上销售

无论是否拥有企业网站，农户和农业企业都可以利用第三方平台开展网上销售工作，让互联网真正成为新型的农产品销售渠道。

1. 农产品网上销售方式

网上商店是建立在第三方提供的电子商务平台上，由农户或农业企业自行开展网络销售的一种经营形式，如同在大型商场中租用场地开设专卖店一样。大多数门户网站和专业电子商务公司都提供网上商店平台服务，如淘宝网、易趣网、拍拍网、阿里巴巴、搜狐商城等。

 拓展阅读

山西淘宝卖家7万多人　约60%销售农产品

阿里研究中心公布的一组数据显示，截至2013年7月，山西的淘宝卖家总数为7.5744万人，比上年同期增长36.6%，其中约60%是销售农产品的；2012年，山西省在淘宝网销售出的23亿余元的商品中，仅农产品就占到1.4亿元。

网络时代的到来，挑战着传统的农产品营销方式。在农村，农业"嫁接"电子商务已不新鲜，农民网商正成为一种新的生产力，并逐渐成长壮大起来。

小米、红枣、大豆、核桃……打开"山里旺农家店"的淘宝店，山西省吕梁市的各种特色农产品"触手可及"。店主王小帮是临县木瓜坪乡张家沟村的一位农民，多年外出打过工。2007年年底在淘宝开店，专门卖家乡的特色农产品，如今他的网店每天有100多笔交易，年销售额约600万元。以前在外面打工，一年最多赚2万元，农产品电子商务让王小帮看到了农业发展的巨大前景。

与王小帮一样，山西省朔州市右玉县新城镇高墙框村村民刘治国也借网致富，效益可观。刘治国是当地有名的"苗木大王"，种植苗木200多亩。以前卖树苗信息闭塞，难以了解市场需求。现在县里开通了林木种苗协会门户网，扩大了苗木的销售空间和渠道，2013年，单春季苗木就卖了30多万元。

王小帮、刘治国网上生意的红火，是农村电子商务悄然成长的一个缩影，折射了农业现代化的一个新趋势——互联网正在加速渗透农业。

来自淘宝网的数据显示，2010年到2012年淘宝网（含天猫）农产品交易额增加了4倍，淘宝上每10位卖家当中就有一位是农民网商。

（资料来源：山西日报，2013年9月16日）

2. 农产品网上销售的步骤 （图6-15）

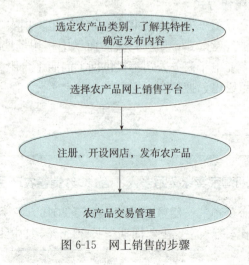

图6-15　网上销售的步骤

［做一做］

如何在淘宝上开设好网店

● **步骤一** 注册成为会员。登录淘宝网，点击"免费注册"，填写相关内容。

● **步骤二** 支付宝账户申请与实名认证。登录"我的淘宝"，进入卖家中心，点击"我要开店"完成开店认证、在线考试及完善店铺信息三项任务。开店认证需申请支付宝账户、需到银行柜台办理账户申请、需上传个人手持清晰身份证号码的大头照以备审核。预计1～3个工作日。

● **步骤三** 发布农产品。登录"我的淘宝"，点击"我要卖"，选择"一口价"方式，发布选定的农产品，你自己的淘宝网店就成立了。

● **步骤四** 网店装修。登录"我的淘宝"，选择"店铺管理"下的"店铺装修"，即可对店铺进行重新设置。

● **步骤五** 网店推广。利用QQ、博客、微博、微信、百度知道、网上论坛等平台，进行讨论交流，宣传网店；线下印发网店传单、名片等，提高网店的知名度。

● **步骤六** 客户服务。通过QQ或阿里旺旺等即时聊天工具，直接与客户交流沟通，及时了解客户的需求、疑问、意见等，做好售前、售中、售后服务。

三、基于自己网站的农产品网络营销

有一定资金实力的农业企业、农民合作组织以及乡镇村社区组织可以根据需要建立自己的网站，进行农产品网络营销。

（一）农产品营销网站的功能

网站可以实现的功能主要有：网上调查、品牌形象宣传、产品展示、信息发布、顾客服务、顾客关系维护、网上销售等。

（二）农产品营销网站的形式

1. 信息发布型网站

信息发布型网站属于初级形态的网站，它不需要太复杂的技术，主要功能定位于企业信息发布，包括企业新闻、农产品信息、采购信息等用户、销售商和供应商所关心的内容，多用于品牌的宣传推广以及交流沟通等，网站本身并不具备完善的网上订单跟踪处理功能。

2. 网上销售型网站

在发布企业信息的基础上，增加网上接受订单和支付的功能，就具备了网上销售的条件。为了最大限度地满足客户需求，必须制定物流程序，做好产品包装、运输等，要给客户一个明确的承诺，要讲信誉。

3. 电子商务综合网站

电子商务综合网站属于高级形态的企业网站，它不只局限于企业信息发布和在线销售，而是集成了包括生产过程在内的整个企业流程一体化的信息处理系统。这种类型的网站，在农业行业还很少有应用。

(三) 农产品营销网站的建设

农产品营销网站的建设内容包括网站软硬件选择、域名注册、网站模式设计、网站内容设计、网站的宣传与推广、网站的更新与维护等。

1. 网站软硬件的选择

在网站建设前对市场进行分析，确定网站的目的和功能，选择网站的软件和硬件，主要包括网站数据库的选择、网站服务器的配置等。

2. 为网站注册域名

域名是网站在互联网上的名字，它是企业在互联网上的品牌，是企业的无形资产，且在全球具有唯一性。域名是企业进入互联网时给人们的第一印象，一个好的域名应该简洁、明了、短小，便于记忆、含义深刻,有自己的个性特征。

3. 网站模式设计

主要包括主页规划和站点导航模式设计。主页规划就是安排主页的版面布局、页面格式等内容。站点导航是方便用户在访问网站某一页面时，可以通过链接直接访问和了解网站其他相关页面。为方便访问，最好每个页面使用格式相同的导航方式。

4. 网站内容设计

网站内容设计就是根据网站规划和设计好的网站模式，将有关信息内容制作成网页。网页分为静态网页和具有动态交互功能的网页。

网站并不一定要设计得很精美，但一定要简洁明了，一目了然，让客户知道你的网站是做什么产品的，让客户看了就有购买欲望，让客户一看就知道怎样购买，怎样联系。

5. 网站的宣传与推广

通过各种手段宣传自己的网站，让网站出名，使更多的潜在客户点击自己的网站，看到自己的农产品信息。

网站推广的手段包括网络广告、电子邮件营销、搜索引擎营销、友情链接等，其中搜索引擎营销是投资回报较高的一种推广方式。

6. 网站的更新与维护

网站建设成功并正常运营后，要有专人进行网站的更新与维护，主要包括内容的更新、调整，服务器的维护，数据库的维护等。

小贴士

搜索引擎营销方式

1. 搜索引擎注册　登录各知名搜索引擎的注册入口，即可根据提示进行注册。应将自身的网站网址及网站相关内容递交给尽可能多的搜索引擎，以便被众多的搜索引擎收录，提高被用户点击的机会。

2. 搜索引擎优化　网站被搜索引擎收录，但并不一定能让用户关注到，农业企业要尽量使自己的网站在搜索结果中获得靠前的排名，以提高网站的访问量。

网站是否能获得靠前的排名与网站的设计质量密切相关。要针对各种搜索引擎的检索特点，优化网站设计，使它适合搜索引擎的检索原则，从而获得靠前的排名。

3. 关键词广告　关键词广告属于付费搜索引擎营销方式，关键词竞价排名，付费最高者排名靠前。不同的搜索引擎有不同的关键词广告显示，有的将付费关键词的检索结果排在搜索结果的最前面，有的放在搜索结果的专用位置。

■ 案例分析

◆ 阅读案例

成功店主分享网店卖菜秘诀

在网络上开网店卖蔬菜，如何保证蔬菜的新鲜、物流走得是否通畅是卖家要解决的最大的两个难题。一些有经验的店主的做法值得借鉴。

● **难题 1：蔬菜如何保鲜？**

支招：可定位周边地区。

由于蔬菜的保鲜期比较短，为了使客户吃到新鲜的蔬菜，上海网店"××农场 club"只接受上海的订单，上海周边近距离的可以接受配送。他们会根据顾客的订单采取不同的处理方法，如根茎类等一些易保存的蔬菜可能会提前采摘，叶类蔬菜一般都是发货前才采摘。蔬菜包装好后会装进一个很大的密封箱。

● **难题 2：运输损耗谁埋单？**
　　支招：商家和快递公司共同承担。

　　蔬菜的保鲜期很短，如果运输时间比较长，那么，蔬菜尤其是叶菜在运输过程中很容易腐烂，所以运输就是网购蔬菜的关键。

　　广州一家网店的店主黄先生有自己的办法，像上海青、芥菜等容易损坏的蔬菜，一般都不轻易发货。发货前和快递公司协商好，如果出现蔬菜损坏的现象，损失由卖家和快递公司共同承担，这样快递公司在运送过程中也就特别小心。

● **难题 3：如何成功经营店铺？**
　　支招：保证蔬菜的质量。

　　"××农场 club"是开了两年的实体农场后才发展到网络经营的，在上海有自己的农场，根据市场分析安排农场的耕作计划，对各种蔬菜进行合理地耕种。他们的所有蔬菜全部产自公司的农场，而不是到菜市场上批发加工再卖出去的。蔬菜都是有机的。

　　那么这家农场是怎么解决蔬菜保鲜期这一关键问题的呢？首先，他们的农场由自己种植管理，根据客户的订单进行有计划地采摘和合理地搭配；其次，有专门的密封箱和运输车，而不是通过其他公司的物流和快递；最后，设定固定的日期和路线进行配送，种植、采摘、配送一条龙的服务完全可以保证蔬菜的质量。

● **难题 4：如何吸引买家？**
　　支招：买家可以办年卡。

　　"××农场 club"通过办理购菜年卡吸引买家的注意。以网店价格 2 980 元银卡为例，这张年卡包含的菜量约 200 千克，送菜次数为 52 次，每次 3~5 种，2~4 天食用量。可满足三口之家一年的蔬菜需求。算下来，平均每天买菜的花费约为 15 元。

　　另外，办理会员卡不仅可以提前预约，享受××农场基地自助旅游活动，体验耕种与收获的乐趣，还可以参加农场定期举办的偷菜节、番茄大战等特色乡村活动。

● **难题 5：如何做出自己的特色？**
　　支招：可以进行营养搭配。

　　广州一家网店配备营养师在线搭配，帮买家定制菜单以达到均衡营养的目标，吸引买家的眼球。买家可以根据个人口味选择最喜欢的方案，轻松改变不健康的饮食习惯，时令、口味与营养，在鼠标轻点之下便得以实现。

● 难题6：菜农品种单一怎么办？

　支招：可以组团出击。

蔬菜在菜市场能随便买到，如果想发展网购蔬菜，必须有自己的特色，和菜市场与超市中的蔬菜有所区别，优于菜市场和超市中的蔬菜才不愁销路。

如果蔬菜种植种类单一，不具有自己的特色，放到网上去卖，只能靠大量批发，小单买卖加上路费还不如在菜市场买的便宜。菜农可以联合起来丰富品种或者改变经营模式，建立起自己的品牌，或者菜农与社区合作，邀请居民组团购买。这样不仅省去了中间环节，农民还可根据市场行情对价格进行合理定位，农民和市民才会双赢。

（资料来源：南宁新闻网，2011年11月21日）

◆ 分析讨论

1. 制约蔬菜网络营销的因素主要有哪些？

2. 针对当地实际谈谈搞好蔬菜网络营销应注意哪些问题。

◆ 提示

产品包装、物流配送、产品差异化、品牌化、网店推广等。

■ 实训活动

农产品网上信息发布

◆ 实训目的

1. 了解农产品网上信息发布的平台。

2. 掌握农产品网上信息发布的步骤和方法。

◆ 实训步骤

1. 选择本地滞销的某一农产品，了解其基本特性，确定你要发布的内容。

2. 选择你较熟悉的一个或多个网上信息发布平台。

3. 在选定的发布平台上注册成为会员。

4. 发布你选定的农产品的供应信息。

5. 对已经发布的信息进行管理。

6. 写出你的具体做法，提交实训报告。

◆ 实训地点与学时分配

1. 地点：网络营销实训室。

2. 学时：课堂2学时，课余1天。

■ 能力转化

◆ **填空题**

1. 农产品网络营销的内容主要包括_____、_____、_____、_____、_____、_____、_____。

2. 农产品网上销售可以采用网上拍卖和_____方式。

3. 自建农产品营销网站有_____、_____、_____三种基本形式。

◆ **判断题**

1. 网络营销相对于传统的营销有很多优势，因此网络营销必将取代传统营销。（　　）

2. 缺少资金实力和互联网专业知识的农户不适合在网上销售农产品。（　　）

◆ **思考题**

1. 网上收集农产品市场信息有哪些方法与渠道？

2. 怎样选择农产品网上信息发布的平台？

3. 你有开网店的经历吗？如果有，总结一下你的经验。

4. 如何建设自己的农产品营销网站？

◆ **实践题**

1. 在有条件的情况下，尝试开一个网店。

2. 实地考察一个农业企业，了解其自身网站建设情况及农产品网络营销情况，总结该农业企业在网络营销方面的经验与不足。

单元七

农产品促销策略

农产品促销是指农产品营销主体通过人员或非人员的方式，向广大消费者传递产品或服务的信息，以便对消费者进行宣传、报道、说服，刺激其需求欲望，从而达到加速和扩大农产品销售的目的。促销可以分为人员推销和非人员推销两大类，采用推动或者拉引两大组合策略，增加农产品的销售量。

项目一　农产品促销方式

 学习目标

● 知识目标

1. 了解农产品促销的含义。

2. 掌握农产品营销中的人员推销、广告、公共关系、营业推广的具体程序和方法。

● 能力目标

能正确运用各种促销手段，占领目标市场，提高销量。

● 素质目标

提高在实际的农产品营销过程中灵活使用促销手段的能力。

案例导入

**湖南省茶陵县农业局积极参加株洲市
首届农产品博览会**

1月10日,湖南省株洲市首届农产品博览会在株洲保利大厦会展中心开幕。为突出展示茶陵农业产业化发展成果、扩大本土特色农产品的知名度,茶陵县农业局积极组织绿康脐橙种植专业合作社、绿之亮食用菌农民专业合作社两家合作组织参加会展。

株洲市首届农博会以"绿色健康、放心消费"为主题,采取实物展示、现场直销、订单采购、合作洽谈、政策宣传等形式参展,让农产品生产企业(基地)与市民们进行"一站式"交易,减少农产品流通环节,互惠互利。

为了让展品具有耳目一新的感觉,给人留下深刻印象,两家参展单位在产品的选择和摆放上下足了工夫,选择了产品时鲜、品质优良、具备无公害和绿色食品认证的脐橙及新鲜香菇,展现了茶陵县"生态、绿色"的农业产业发展理念。当日,茶陵展位前人头攒动,市民们对"绿康"脐橙和"绿之亮"食用香菇的品质赞不绝口,咨询、购买、订货者络绎不绝。

近年,茶陵县大力发展现代农业产业示范园,积极培育农业合作组织和发展种植大户,不断优化农业产业结构,在从传统农业向现代农业转变的热潮中,具有一定规模的农民合作组织不断涌现,为现代农业的发展注入了新的活力。

(资料来源:湖南农业信息网,2014年1月14日)

◆ **思考** 根据资料,分析湖南省茶陵县农业局采用了哪种促销方式?

知识储备

一、农产品促销的含义

1. 农产品促销的含义

农产品促销就是运用各种方式,向消费者提供农产品的信息,帮助消费者认识商品,使消费者对其产生好感,以引起消费者的注意与兴趣,从而激发购买欲望的过程。

促销可以起到传递信息、沟通渠道、诱导需求、扩大销售,突出产品特点、强化竞争优势，提高声誉、巩固市场的作用。

2. 农产品促销手段

（1）人员推销。直接与消费者或客户接触。

（2）广告。电视、报纸、杂志、广播、网络等。

（3）营业推广。打折、回扣、赠品、优惠券、有奖销售等。

（4）公共关系。赞助、募捐、慈善、记者招待会、新闻发布会等。

各种促销手段的优缺点见表7-1。

表 7-1　各种促销方式优缺点比较分析

促销方式	优　点	缺　点
人员推销	直接沟通信息，反馈及时，可当面促成交易	占用人员多，费用高，接触面窄
广告	传播面广，形象生动，节省人力	信息单向传递，只能对一般消费者，难以立即成交
营业推广	吸引力大，激发购买欲望，可促成消费者的当即购买行为	接触面窄，有局限性，有时会降低商品身份
公共关系	影响面广，信任程度高，可提高企业知名度和声誉	花费力量较大，效果难以控制

二、人员推销

人员推销是最传统也是最不可缺少的一种促销手段，它在现代市场经济中仍占有相当重要的地位。与其他促销手段相比，具有选择性、控制性、情感性和双向沟通性的特点。

1. 人员推销程序

（1）寻找顾客。人员促销的首要环节就是寻找潜在的顾客，只有有了特定的推销对象，才能开展实际的推销工作。寻找顾客的方法有以下几种（表7-2）：

表 7-2　寻找顾客的方法

方　法	内　容
市场调查	可以由营销主体自己进行，也可以委托有关的市场咨询公司进行
查阅资料	可以通过查阅现有的信息资料来寻找顾客，如工商企业名录、统计资料及有关的书报和杂志
利用各种媒介	可以利用各种广告媒介来寻找潜在的顾客，如报纸、杂志、广播、网站或直接邮寄等
他人介绍	可以请亲朋好友或现有的客户推荐、介绍潜在的顾客

（2）筛选顾客。顾客筛选就是运用一定方法甄别能真正购买商品的顾客的过程。为此，首先应确定筛选标准，即应具备购买欲望、购买决策权以及购买能力三个要素。其次，根据标准运用恰当方法进行筛选。最后，检查筛选是否准确，为筛选后的顾客建立顾客档案。

（3）接近顾客。指推销人员与顾客正式就商品交易接触见面的过程，需注意的是：首先，应尽可能了解被接近对象的心理特征。常见的个性心理特征有外露型、随和型、保守型、暴躁型等。其次，讲究接近顾客的方法。通常的方法有自我介绍接近法、聊天式接近法、建议赞美接近法、广告赠物法、表演接近法、关系交际接近法、印象先导接近法等。最后，运用各种接近方法时，要注意观察对方情绪，根据对方情绪变化调整接近方法。

（4）面谈议购。推销过程中，面谈是关键环节，而面谈的关键是说服。推销说服的策略一般有以下两种。

①提示说服。通过直接或间接、积极或消极的提示，将顾客的购买欲望与商品特性联系起来，由此促使顾客做出购买决策。

②演示说服。通过产品、文字、图片、音响、影视、证明等样品或资料劝导顾客购买商品。

（5）释疑解惑。推销面谈时，顾客往往会对产品提出各种异议，这就要求推销人员必须首先认真分析顾客异议的类型及其主要根源，然后有针对性地实施处理策略。处理策略一般有肯定与否定法、询问处理法、预防处理法和延期处理法等。

（6）促成交易。推销人员在认为时机已经成熟时，就应抓住时机，促成交易。促成购买常用的策略有以下几种：

①优点汇集成交法。即把顾客最感兴趣的商品优点或从中可得到的利益汇集起来，将其集中再现，促成购买。

②假定成交法。假定顾客已准备购买，然后问其所关心的问题，或谈及使用某商品的计划，以此促进成交。

③优惠成交法。利用顾客求实惠的心理，通过提供优惠条件，促使顾客立即购买。

④保证成交法。通过提供成交保证，如包修、定期检查等，克服顾客使用时的心理障碍，促成购买。

（7）售后服务。产品售出后，推销活动并未就此结束，推销人员应该与顾客继续保持联系，以了解他们对商品的满意程度，及时处理顾客的意见，消除他们的不满。良好的售后服务，可以提高顾客的满意度，增加产品再销售的可能性。

小 贴 士

洽 谈 艺 术

首先，注意自己的仪表和服饰打扮，给客户一个良好的印象。

其次，举止言行要文明，懂礼貌、有修养，做到稳重而不呆板、活泼而不轻浮、敏捷而不冒失。

在开始谈判时，推销人员应巧妙地把话题转入正题，做到自然、轻松、适时。可采取以关心、赞誉、请教、炫耀、探讨等方式入题，以引起客户的注意和兴趣。

在洽谈的过程中，推销人员应谦虚谨言，让客户多说话，认真倾听，表示出关切与兴趣，并做出积极反应。切忌高谈阔论，让客户反感或不信任。

洽谈成功后，推销人员切忌匆匆离去，应用友好的态度和巧妙的方法祝贺客户做了笔好生意，并指导对方做好合约中的重要细节和其他一些注意事项。

2. 人员推销的方法

推销方法指推销人员根据不同的销售环境、推销气氛、推销对象和推销产品，审时度势，巧妙而灵活地采用各种推销策略（表7-3）。

表7-3 推销策略

方 法	内 容
试探性，"刺激—反应"策略	是利用刺激性较强的方法引发顾客购买行为的推销策略，通常在对可能的顾客了解不够充分时使用。推销员可先设计能引起顾客兴趣、刺激顾客购买欲望的推销语言，对顾客进行试探，观察其反应，然后加以诱导，实现敦促顾客产生购买行为的目的
针对性，"配合—成交"策略	是利用针对性较强的说服方法，促使顾客采取购买行为的一种推销策略，通常在推销人员已掌握了顾客需求的前提下采用。推销人员可先设计好针对性较强的推销语言和措施，有的放矢地宣传、展示和介绍商品，说服顾客购买
诱导性，"诱发—满足"策略	通常在顾客毫无购买兴趣的情况下使用，运用高超的推销技巧，诱导顾客产生某种需求，从而采取购买行为。推销人员首先要设计出具有鼓励性、诱惑性强的购货建议，激发其迫切希望、满足这种需求的动机，然后抓住时机，因势利导，向顾客介绍商品的效用，说明该商品正好能满足顾客的需要，从而促成交易的实现

拓展阅读

　　杜先生经营着一家高级面包公司，他一直想把面包推销给某市的一家大饭店。一连4年，他天天给那家饭店的经理打电话，甚至在饭店里订了个房间，以便随时同经理谈生意，但是他一无所获。"我已经没有信心了。"杜先生说："可是有人提醒了我，使我下决心改变策略，于是，我打听那个人最感兴趣的是什么，他所热衷的又是什么事物。"杜先生终于发现那位经理是一个叫做"爱心协会"组织的成员。不止是成员，由于他的热心，最近还被选为主席。于是杜先生再去见那位经理时，一开始就谈论他的组织。得到的反应真是令人吃惊，那位经理跟杜先生谈了半个小时，关于他的组织、他的计划，语调充满热情。告别时，他还"买"了那个组织的一张会员证给他的"客人"。几天之后，这家大饭店的大厨师突然打电话，要杜先生立即把面包样品和价格表送去。那位大厨师见到他的时候，迷惑不解地说："我真不知道你对那位老先生做了什么手脚？他居然被你打动了。"

　　杜先生缠了饭店经理4年而没有解决的事情，却在一个早上解决了。是因为他及时改变了推销策略，找准了推销突破口。他从研究客户的兴趣爱好入手，投其所好，进行感情投资，这是他推销成功的关键。

三、广告促销

　　农产品广告促销是农产品营销主体通过一定的媒介物，公开而广泛地向社会介绍农产品的品种、规格、质量、性能、特点、使用方法以及相关服务的一种促销方式。

1. 广告促销程序

　　（1）目标市场调查。是和产品定位和确定目标市场同时进行的。即在调查前，策划者要对产品定位和目标市场心中有数，以便做到调查时有的放矢。市场调查包括对市场环境、竞争性和消费者等的调查。

　　（2）制定广告目标。根据所选定的目标市场和市场营销组合策略等因素，通常有告知、说服、提醒三种广告目标。

　　①告知。常用于产品的投入期，希望能引起消费者的注意和需求。

　　②说服。以说服消费者购买产品为目标，常用于产品的成长期和成熟期以及市场竞争比较激烈的时期。

　　③提醒。这类广告希望消费者不要淡忘本企业的产品，维持品牌的高知名

度，同时也提醒还未购买、将来有可能购买的消费者在何处购买。主要在产品的成熟期使用。

（3）制定广告主题。广告主题对于广告成败具有决定性影响。好的广告主题除了适应具体的广告目标外，还应当针对性强、要点突出。

（4）设计广告文稿。广告主题确定之后，便要进行文稿起草工作。文稿应精练，寓意深刻，引人入胜。

（5）设计广告形式。常用的广告形式有以下几种：生活片段、生活方式、幻想境界、悬念、情趣和想象、证明曾受表彰等。

（6）选择广告媒体。可用于广告的媒介有视觉、听觉和视听两用媒介。应用比较广泛的广告媒体有报纸、杂志、广播、电视和网络等。各种广告媒体的优缺点比较见表7-4。

表7-4　各种广告媒体的比较

媒体形式	吸引力	传播速度	覆盖范围	成本费用
报纸	较差	较快	较广	较低
杂志	一般	较慢	局部范围	较高
广播	最差	最快	较广	最低
电视	最好	较快	较广	最高
网络	较好	较快	一般	较低

随着我国农村计算机信息网络的普及，网上发布广告已经成为广大农业经营者发布产品信息的重要方式。网络广告具有成本低、易检索查询、可在网上直接洽谈协商等优点，对农产品经营者来说，是一个实用性强、效果好、很有发展前景的广告媒介。

拓展阅读

网络广告的主要形式

1. 网幅广告　网幅广告是以 GIF、JPG、FLASH 等格式建立的图像文件，定位在网页中大多用来表现广告内容，同时还可使用 Java 等语言使其产生交互性，用 Shockwave 等插件工具增强表现力。

网幅广告是网上最常见的广告形式，一般以限定尺度表现商家广告内容的图片形式，放置在广告商的页面上，最醒目的网幅广告是出现在网站主页的顶部，一般是在右上方的旗帜广告，也称为页眉广告，或者头号标题。其形式像报纸的抢眼广告。

2. 链接式广告　链接式广告所占的空间较少，在网页上的位置也比较自由，它的主要功能是提供通向厂商指定网页的链接服务，也称为"商业服务链接广告"。链接式广告形式多样，一般幅面很小，可以是一个小图片、小动画，也可以是一个提示性的标题或文本中的热字。

3. 电子邮件广告　电子邮件广告具有针对性强、费用低廉的特点，且广告内容不受限制，它可以针对某一个人发出特定的广告，为其他网上广告方式所不及。电子邮件广告现在已成为使用最广的网络广告形式，被许多厂商采用。

4. 网页广告　网页广告就是通过整个网页广告的设计传达广告内容。企业的网页广告一般做在自己的主页上，在其他网站媒体上通过购买带链接的广告形式可让顾客点击到达。

5. 插播式广告（弹出式广告）　访客在请求登录网页时强制插入一个广告页面或弹出广告窗口。属于强迫观看，据研究表明，大多数网民对自动弹出式广告并不在乎，毕竟它的窗口相对较小，弹出只在瞬间，不需要可以随时关闭。

6. 网站栏目广告　这类广告很大一部分是赞助式广告，位置一般是在各专栏的顶部，对树立起广告客户的"在线"形象有极大的帮助，也是使用较多的一种广告形式。

（7）制定广告预算。广告预算是指广告主或广告代理机构对广告投入费用的计划与安排。它规定着计划时期内进行广告活动所需费用的总额和具体的使用范围及方法，是企业广告活动得以顺利进行的保证。

2. 广告设计的策略技巧

（1）广告创意。现代广告创意的方法多种多样，常见的广告创意有以下三种（表7-5）：

表7-5　常见广告创意

种　类	内　容
标题式悬念幽默	通过巧设一个有幽默感又能吊人胃口的悬念性标题以调动消费者的好奇心，使其急于得到下文，从而在文中阐明广告主题
剥笋式悬念幽默	这种广告的设计表现出层层深入的特点，一步一个变化，一步留一点悬念，直到一目了然时才全盘托出

（续）

种　类	内　容
包袱式悬念幽默	这种广告方式把笑料留在最后，其突出特性就是制造一种引人入胜的气氛以吸引人，从而达到促销的目的

（2）广告的心理技巧。企业在广告宣传中，可以科学地运用心理学原理，使广告诉求符合消费者的心理需求，克服其反感情绪，从而达到预期的广告效果。常用的广告心理策略见表 7-6。

表 7-6　常用广告心理策略

策　略	内　容
广告诱导心理策略	抓住消费者潜在的心理活动，使之接受广告宣传的观念，自然地诱发出一种强烈的需求欲望
广告迎合心理策略	根据消费者的不同性别、年龄、文化程度、收入水平、工作职务，及其求名、求新、求美、求实惠等心理，在广告中采取不同对策，以迎合不同消费者的心理需求，刺激购买
广告猎奇心理策略	在广告活动中，采取特殊的表现手法，使消费者产生好奇心，从而引发出购买欲望。广告猎奇心理运用得当，可以获得显著的广告效果

（3）广告的市场策略。

①广告目标市场策略。为配合无差异市场策略，要求广告媒体策略组合，形成统一的主题内容的广告；为配合差异性市场策略，要求广告根据各个细分市场的不同，分别选择不同媒体组合，做不同主题的广告；为配合集中性市场策略，要求广告媒体根据所选用目标市场作针对性广告。

②广告竞争策略。广告是企业产品的重要竞争工具。因此，可利用和其他企业同类产品的对比做比较广告，如"××汽车比同类产品节油 10%"。运用比较广告时应注意，一般不能标明对比产品的具体名称，以免引起纠纷。

③广告促销策略。广告传播的目的是推销产品和服务，因此，应把广告与产品及服务销售紧密联系起来。如广告与馈赠手段相结合，通过各种形式的馈赠使消费者获得一定利益，从而提高产品认知力和新产品试用率；广告与文化活动相配合，可激发人们对广告的兴趣，提高广告的收视率；广告与奖励活动相联系，可激发消费者的购买动机，提高产品的参与率和购买率；广告与公益事业相协调，积极参与公益事业，可增进消费者对企业的好感，争取民心，从而增强广告的促销效果。

■ 拓展阅读

斑点苹果销售记

在美国市场，对水果质量要求是很高的，表面稍有斑点，就不能上货架。一年深秋，冰雹、霜冻给一些农场种植的苹果表面留下了斑点，批发商不进货，农场主面临苹果积压的窘境。危难之际，一位农场主请教了一家广告公司，随即登出这样一则广告："人们都知道苹果是美国北方高山地区的特产，清脆爽口，香甜无比。那么怎样鉴别北方苹果呢？北方高寒地区往往寒潮早到，如果受到冰雹袭击，就会在苹果表面留下斑斑点点，这并不影响质量，倒可以帮助我们鉴别。"广告刊登和播出后，商店里出现了兴致勃勃寻找斑点苹果的消费者，批发商也赶紧进货，积压的苹果很快销售一空。从用户的兴趣爱好入手，投其所好，进行感情投资，这是斑点苹果推销成功的关键。

四、营业推广

营业推广是一种追求短期促销效果的行为。营业推广也叫销售促进，是指在特定市场上鼓励消费者购买、提高中间商交易效益的各种促销活动的统称，是围绕企业的营业额进行的一种促销方式。

营业推广具有不规则性和非经常性，是一种非常规和短期性的促销活动。对消费者购买行为的影响是直接的，适用于一定时期、一定任务的短期特殊推销，是其他促销手段特别是广告推销的一种辅助手段，起到刺激早期需求、迅速产生机理的短期效果的作用。

1. 营业推广的类型（表 7-7）

表 7-7　营业推广类型

种　类	目　的	主要方法
针对消费者	目的是配合广告活动，促进消费者增加购买数量和重复购买。广告对购买行为的影响是间接的，营业推广则是直接导致顾客立即采取购买行为的方法	进行免费赠送、有奖销售、现场表演、减价推销、特殊包装等
针对中间商	目的是为了取得中间商的支持与合作，鼓励中间商大批进货或代销	实行购货折扣、合作广告、推广津贴、举办展销会等
针对推销人员	目的是为了调动推销人员的积极性，鼓励他们大力推销新产品，开拓新市场	按推销绩效发给红利、奖金，进行职位提拔，开展推销竞赛等

2. 营业推广的手段

（1）有奖销售。消费者购买商品达一定数量后，给相应的奖金和其他优待。

（2）优待券。发放优待券，消费者可凭优待券到指定地点优先或优惠购买企业的商品。

（3）赠送样品。向消费者免费赠送样品以刺激其购买欲望，通过他们扩大影响和销售。

（4）展销。通过交易会、展销会、订货会等展销产品，吸引消费者，促成交易。

（5）产品陈列与现场表演。使消费者更直接地了解产品，促进购买。

（6）竞赛。举办某种竞赛或竞技活动，对竞赛参与者或优胜者提供一定的优惠或奖励，吸引消费者，扩大影响和销售。这种方式既可对消费者，又可对中间商和推销人员运用。

（7）交易印花。在交易过程中向购买者赠送印花，当印花达到一定数量，如凑足若干张数或达到一定金额时，持有者可兑换现金或实物。

（8）消费者信贷。通过赊销或分期付款、贷款等方式推销商品。

（9）俱乐部制和VIP卡制。俱乐部制是指顾客交纳一定数额的会费给组织者，即可享受多种价格优惠的促销方式。VIP卡又叫"贵宾卡"，VIP卡制是指购买达到一定数量的顾客可取得有优惠期限限制的贵宾卡（贵宾卡可分钻石卡、金卡、银卡等多种级别），从而享受不同价格折扣或服务的促销方式。这两种方式都要求顾客先付出代价，然后才能得到优惠。

（10）咨询与服务。对一些技术性强、操作较复杂的商品为消费者提供咨询和服务，包括解答疑问，免费送货上门，安装、调试、维修、保养等方面的服务。

（11）津贴。包括广告津贴、陈列津贴等，主要是针对中间商的促销手段。

（12）交易折扣。当用户购买达到一定数量或在大宗交易中及时付款，可享受一定的价格优惠或现金折扣。购买数量越大，折扣越多。

（13）会议促销。通过召开各种规模和形式的订购会、供销会或产品说明会衔接产销，吸引中间商或顾客直接经销或购买产品，节约时间和费用，是向中间商或顾客强化促销的好形式。

（14）免费培训。当推销员推销业绩达到一定规模即可免费参加企业组织的各种培训，以进一步提高自身素质和推销技能。

（15）免费旅游。当用户购买达到一定数量，或推销员、中间商推销业绩达到一定规模即可参加企业组织的免费旅游。

■ 拓展阅读

某 "无公害农产品" 的营业推广

（1）产品上市之初在各超市门口设置若干宣传板，以 "吃出健康来" 为主题，对无公害农产品的概念进行宣传，在活动期间对顾客发放宣传单。

（2）在超市内设置产品专区，由经过专门培训的人员现场制作蔬菜沙拉，不仅可以让消费者品尝，还可以让有兴趣的人亲自动手制作。配合散发的宣传单，向消费者传达一种无公害农产品品质高、营养丰富、口感更好的印象。

（3）在具备中高档消费水平的社区公共信息区设置宣传资料，并在小区内以品牌的名义展开活动，如生活小窍门宣传、开办临时烹饪会等。

（4）活动中需要用到实用小赠品，如健康菜谱、便携日历、环保菜板等。

---

3. 营业推广的方法

营业推广是一种有效的促销手段，但若使用不当，不仅达不到促销的目的，还可能影响商品和服务的销售，损害企业的形象。在开展营业推广活动时，必须注意以下问题：

（1）选择适当的方式。营业推广的每一种方式都有其适应性。如配合新产品上市的广告，可用赠送样品或采用现场表演的方式；在推销产品时，用优待券或廉价包装更为适合。营业推广还必须考虑营销成本，确定推广的规模。

（2）确定适当的时间。营业推广的时间长短关系很大，推广时间过短，其影响力可能还不足以波及大多数可能的购买者；而推广时间过长，又会使人产生企业是否在推销过剩产品、是否变相降价等疑问。因此，一次推广的周期一般应与消费者的平均购买周期相符。

（3）限定营业推广的对象。首先，营业推广的对象必须是企业潜在的消费者，其次，在采用有奖销售等方式时，应严格控制本企业职工或家属参加，以显示其公正性，避免给人留下弄虚作假、徇私舞弊的印象。

（4）做好营业推广方案的实施工作。具体包括明确推广工作具体任务、实行责任管理制、做好方案实施情况的监督检查。

（5）正确评估营业推广效果。评估内容主要有两方面：一是关于营业推广效果的评估，包括经济效益和社会效益的评估，二是对营业推广方法的评估。

五、公共关系

公共关系是营销主体用传播的手段使自己与公众之间形成双向交流，使双方达到相互了解和相互适应的管理活动，是营销主体在一定理论指导下，运用现代传播手段，为创造与公众和社会环境间的和谐发展而采取的一种独特的管理活动。营销主体的公共关系活动，应以公众利益为前提，以服务社会为方针，以交流宣传为手段，以谅解、信任和事业发展为目的。公共关系广泛地与市场营销配合使用。

公关的主要职能包括收集信息、辅助决策、传播推广、协调沟通和危机管理等。公关作为一种市场促销方式，应该具有真实感、新鲜感和亲切感。

1. 公关的方法

公共关系活动的方法，与其规模、活动范围、产品类别、经营目标、市场性质等密切相关。常用的公共关系活动方法有：

（1）建立固定的公众联系制度。通过和消费者、政府机构、社会团体、银行、中间商等建立固定联系制度，加强信息沟通，听取他们对产品、服务等方面的意见和要求，树立企业及产品形象。

（2）与新闻界建立联系。营销主体应积极与新闻界建立联系，及时将具有新闻价值的企业信息提供给报社、电台、电视台等。还可举行记者招待会，邀请记者参观企业，通过新闻报道，扩大企业及其产品的影响。

（3）赞助和支持各项公益活动。赞助和支持各项公益活动，对营销主体是极好的宣传机会，因为这些活动万众瞩目，新闻界会争相报道，营销主体可从中得到特殊利益，给公众留下一心为大众服务的好印象。

（4）举办专题活动。如举办知识竞赛、体育比赛、研讨会、演讲比赛、新闻发布会、展览会、订货会等。

（5）公关广告。公关广告有三种类型：一是致意性广告，如向公众表示节日祝贺，对用户的惠顾表示感谢。二是倡导性广告，如倡议举办某种活动，或提倡某种新风尚。三是解释性广告，即就某一问题向公众作解释，以消除误会，增进了解。

（6）组织消费者、社会各界人士参观本企业。向参观者介绍企业所处的环境、经济情况、对社会所做的贡献等。

拓展阅读

两个截然不同的声明

2004 年 12 月 27 日，卫生部发布"2004 年度食用植物油监督抽检情况通报"，判定部分食用油品牌抽检产品不合格，知名品牌金龙鱼、金象等赫然在榜。28 日，这些品牌分别对检查结果发表声明。

金龙鱼的声明分三部分：第一，简单回顾事件的基本情况；第二，陈述企业采取的措施——对其产品全面复查，对被判定有问题的产品实施追查并招回；第三，公布检查结果影印件及国家标准。整个声明层次清晰，表述完整，心平气和。

金象声明要点如下：第一，抽查检测程序不合法。依据是：抽查前没有知会金象，因此，无法确认抽查油样是真是假、检测结果是否准确等。第二，鉴于自行检测结果与国家抽查结果差别较大，作为 ISO9000 质量认证通过单位，金象对国家抽查结果感到莫名其妙。第三，金象是国家免检产品，其他部门没有随便抽查的权力。第四，金象认为国家部门不应该只关心大型超市和大型企业，而应该多检查和管理地沟油、掺假油、劣质油。第五，金象要求有关部门采取行动消除影响，给金象一个合理、公正的生存环境。第六，对于不负责任的报道，金象特别强调保留使用法律手段的权利。

2. 公关的决策

（1）确定公共关系活动目标。任何一项公共关系活动都是为了提高本企业的知名度和美誉度。但是，各项具体公共关系活动的直接目标却有所不同。如一个新企业的公共关系，应侧重于提高企业知名度，而老企业则应将公关重点放在提高企业的美誉度方面。

（2）选择传播渠道。目标确定以后，就应根据目标要求和传播信息的内容以及宣传对象的特点选择合适的传播渠道。常用的传播渠道有：

①大众传播。运用大众传播媒介如报纸、杂志、广播、电视等传播有关信息。

②人际传播。运用口头或书面等交流方式进行传播。

③专题传播。综合运用大众沟通和人际沟通等方式，围绕特定的公共关系活动专题，开展带有某种特色的公共关系沟通活动。

（3）制定公共关系活动方案。为取得公共关系活动的成功，企业需要制定一个周密的公关方案。具体内容包括：

①项目名称及目标。

②项目负责人，实施者及各自的责任。

③项目筹备、实施时间表。

④项目实施涉及的关系人及必要的分析。

⑤项目所需要的传播媒介、器材设备、外部环境等。

⑥项目经费预算。

⑦项目成果的考核标准及考核方法。

（4）公关方案的实施。由于公关活动大多数项目是针对特定公众而进行的信息传播活动，因此公关方案的实施在很大程度上就是信息的采集、制作、传播和反馈等方面工作的落实。

（5）公关效果的评估。

①公关成效评估。公共关系成效的评估内容有：

● **公关目标实现程度**　如组织与公众的关系是否得到改善，组织的知名度和美誉度是否增强，组织在公众心目中的形象是否得到提升，组织效益是否得到提高等。

● **公关任务完成情况**　如组织与公众的联系网是否健全，能否随时了解和掌握公众的意见；能否选择适当的方式和渠道向公众传播信息；全体人员是否都行动起来，齐心协力进行公关工作；能否当好领导决策的咨询和参谋。

● **公关社会功能发挥情况**　指公关对社会所起的作用和表现出来的能力，如是否为公众提供了丰富而有益的物质、精神产品和优质的社会服务等。

②评估公关成效的方法。包括公关和领导人员进行自我评估；开展公众调查和舆论调查，掌握公众和舆论界对本组织公关成效的评估；邀请公关专家进行评估等。

■ 案例分析

　　◆ **阅读案例**

奶酪中有金币

　　著名的食品批发商立普顿，在某年圣诞节到来之前，为使其代理的奶酪畅销，在每50块奶酪中选一块装进一枚英镑金币，同时用气球在空中散发传单大造声势。于是成千上万的消费者涌进销售立普顿的代销店，立普顿奶酪顿时成了市场上的抢手货。立普顿的行为引起了同行的抗议和警察的干涉。但立普顿以退为进，在各经销店前张贴通告："亲爱的顾客，感谢大家厚爱立普顿奶酪。若发现奶酪中有金币者，请将金币送回。"通告一贴出，消费者在"奶酪中有金币"的声浪中，反而更踊跃地购买。当警方再度干预时，立普顿又在报纸上刊登了一大版广告提示大家要注意奶酪中的金币，应小心谨慎，避免危险。这则广告表面上是应付警方，实际上是更有效的一次新闻造势和促销。同行们在"立普顿奶酪中有金币"这一强大优势中毫无招架之力。

◆ **分析讨论**

"立普顿奶酪中有金币"这一促销活动使用了哪些巧妙的策略和公关手段？对企业公关有何启示？

◆ **提示**

1. "立普顿奶酪中有金币"这一促销活动策划巧妙，一次活动两次高潮，全方位地把活动投资利用到最大限度，强烈吸引了消费者的注意力，达到了促销活动的根本目的。

2. 以退为进、巧妙提醒的策略，既堵住了同行和警察的嘴，又制造出更大更多的新闻，使消费者在"奶酪中有金币"的声浪中，反而更加踊跃购买，让同行和警察都无可奈何。

3. 善于"制造新闻"，这是企业扩大知名度和美誉度、取得竞争胜利的重要手段。"制造新闻"的公关形式能使组织积极主动地寻求扩大影响的机会，抓住时机，以激起新闻媒介采访、报道的兴趣。立普顿巧妙地利用这一公关手段，为促进商品销售做了一次效果显著的免费广告宣传。

实训活动

农产品模拟促销

◆ **实训目的**

1. 掌握农产品促销的临场操作。

2. 培养独立思考、动手操作的能力，培养面对实际困难解决问题的能力。

◆ **实训步骤**

实 训 一

两人一组，挑选一种当地有代表性的农产品。一位学生扮演推销员，一位学生扮演顾客，进行模拟推销演练。然后角色互换，直到两人都能正确、熟练、恰到好处地进行推销。

● **具体要求：**

（1）精心进行模拟推销准备。

（2）角色扮演神态自然，情景模拟逼真，口齿清楚，语言流利。

（3）举止文雅，语言得体，卖点分析到位，有一定可信度和诱惑力。

（4）总结情景模拟的收获，分析存在的问题。

实 训 二

选择某企业某种产品的广告进行分析，如果你认为是成功的，分析其成功的条件和要素，如果你认为是失败的，分析其失败的原因，并为其重新策划产品广告。

● **具体要求：**

（1）精心进行促销策略——广告知识和相关资料准备。

（2）认真选择调查分析对象（某企业的某产品），妥善安排时间。

（3）运用所学知识深入分析，指出其成功与失误之处。

（4）写出改变现状的分析策划报告。

◆ **实训地点与学时分配**

1. 地点：实验室。

2. 学时：6学时。

能力转化

◆ **判断题**

1. 人员推销适合向分散于各地的众多目标顾客传递销售信息。（　　）

2. 人员推销是一种以单向沟通为特点的促销方式。（　　）

3. 推销人员的任务除了要拜访客户、传递信息、说服顾客购买外，还应该成为顾客的顾问。（　　）

4. 广告形式越新颖越新奇越好。（　　）

5. 广告预算和广告效果是绝对正比关系。（　　）

6. 商业广告不必涉足慈善事业。（　　）

7. 电视广告形象、生动、逼真，感染力强，而且费用低廉。（　　）

8. 为达到较好的公关效果，公关广告可以适当脱离事实。（　　）

9. 评估公关活动效果，除了自评之外，也可以请外来专家评估。（　　）

10. 伊利牛奶请消费者参观工厂属于一种公关活动。（　　）

◆ **思考题**

1. 人员推销中，推销人员在接近顾客促成交易过程中有哪些推销技巧？

2. 人员推销有哪几种方法，分别针对哪几种情况？

3. 什么是营业推广？营业推广有哪些形式？

4. 营业推广的手段主要有哪些？

5. 简述企业开展营业推广活动的注意事项。

6. 广告的促销策略有哪些，可以和其他哪些促销方式结合起来？

7. 不同的广告媒体各自有什么样的特点？选择广告媒体时应该考虑哪些方面？

8. 什么是公共关系？简要分析其特点和作用。

9. 公共关系的方法有哪些？试对每种方法进行分析。

项目二　农产品促销组合策略

学习目标

● 知识目标

1. 掌握影响农产品促销组合的各种因素。

2. 掌握农产品营销中促销组合的基本策略。

● 能力目标

学会根据不同情况正确运用促销组合的基本策略，占领目标市场。

● 素质目标

提高整体营销意识。

案例导入

"好想你"：把一颗枣的文章做足

直营专卖店是"好想你"品牌推广早期的重要创新举措。为了让自身的优质产品能够引起外界的注意，锁定购买能力较强的中高端人群，"好想你"于2000年在河南省郑州市开设了首家红枣直营专卖店，昔日"土得掉渣"的红枣有了专属的销售场所。

凭借新鲜的话题效应和巧妙的促销手段（开业期间，营业员向过往市民派送枣片，部分当地报纸也同步配合搭赠枣片），店铺一经推出便吸引了市民和媒体的眼球。截至2011年年底，"好想你"在全国范围内的直营专卖店达到2 300多家，既成为一张销售网络，也成为一种销售模式。

该模式看似简单，却实实在在地发挥着作用：

第一，矗立于繁华街头区位的店铺，除了销售终端的属性之外，更是辐射全国、永久的、且为品牌自有的固定广告，省去了大量广告费用，可谓"一举两得"。

第二，各店严格遵循"门头统一、服装统一、陈列统一、产品统一、价格统一、宣传统一、促销统一"等标准，有效地提升了品牌形象，吸引了目标人群，同时也便于消费者辨别真伪。

第三，店内营业员的专业知识和营销技巧，能够形成能动销售和信息反馈的快捷机制，在第一线促进产品的销售。

第四，自营的销售终端避免了商超进场费，能够在"品牌发展初级阶段"顺利实现"低成本、快速度"的扩张愿景。

"好想你"同时延伸产业链，其中之一就是围绕木本粮（含红枣）的观光、旅游与节庆。

"好想你"将红枣工业园区对外开放，向来往的游客展示生产车间的环境。此外，工业园区内有"皇帝贡枣苑"，园内种着250棵有300～500年树龄的古枣树，游客可以认养中意的枣树。

工业园区附近还有红枣科技示范园、中华枣文化博览中心、木本粮创意农业园。游客可以摘红枣、刨花生、品红枣茶、吃农家饭、逛农家院。

"好想你"公司还开展枣乡风情游与红枣文化节。枣乡风情着力于推动"好想你"产地的区域旅游；风情游更名为"中华枣乡风情游暨第×届好想你红枣文化节"。节日期间，"好想你"会联手当地政府，邀请各地游客亲身体验打枣、赏枣、尝枣等活动的乐趣。

"好想你"公司还分别于2007年及2011年连续承办了两届"中国国际枣属论坛（研讨会）"。这是世界枣业发展史上层次最高的盛会，有利于加强国际间枣业合作。

（资料来源：品牌塑造网）

◆ 思考　"好想你"枣在营销过程中使用了哪些主要的营销方式？这些营销方式的综合使用对农产品营销企业有哪些启示？

■ 知识储备

一、促销组合概述

促销组合是指把广告、公共关系、营业推广、人员推销等各种促销方式组合为一个策略系统，使农产品营销主体的全部促销活动互相配合、协调一致，最大限度地发挥整体效果，从而顺利实现促销目标。促销组合的基本形式可分为以下两大类：

1. 人员推销

营销主体派出人员或委托推销人员，运用各种推销技巧和手段，通过向目标顾客进行介绍、推广和宣传，说服用户接受商品或劳务。由于沟通信息直接，反馈意见及时，可当面促成交易。

2. 非人员推销

非人员推销是间接进行的销售或服务活动，主要包括广告、公共关系及营业推广等手段。

■ 拓展阅读

雀巢咖啡进入中国

1987 年，瑞士雀巢咖啡准备进入中国市场。当时雀巢公司采取的促销策略有：

1. 广告宣传　雀巢选择京、津、沪三大城市作为其进军中国内地的突破口，在三城市电视台和中央电视台同时播出广告，通过集中、统一、有特色的密集性广告，播放传播了雀巢咖啡"味道好极了"的良好品牌形象。

2. 公共关系　雀巢在京、津、沪三市多次举办名流品尝会，并为人民大会堂和一些重要会议免费提供咖啡，形成了名流只喝"雀巢"的时尚。

3. 营业推广　采用为中国内地消费者欢迎的买一赠一、买咖啡送伴侣等形式扩大销售。

瑞士雀巢咖啡进入中国内地市场的成功在于结合中国内地市场实际，通过密集性广告宣传、公共关系和深受中国内地消费者欢迎的营业推广方式的促销组合，发挥整体效应，最终实现营销目标。

二、影响促销组合的因素

1. 促销目标

促销的目标不同，促销活动的内容也不同。如甲企业的营销目标是增加销量，扩大市场占有率，则该企业应更多地使用人员推销、营业推广和广告促销形式；乙企业的营销目标是树立企业形象，则应从长远利益出发，运用公共关系宣传树立企业形象。

2. 促销费用

在促销方面应投入多少费用，往往使企业难以决策，不同的行业、同一行业的不同企业，为促销活动支出的费用可能差距很大。要注意的是，最佳促销组合并不一定费用最高。企业应全面衡量、综合比较，使促销费用发挥出最大效用。

3. 产品的性质和生命周期

产品的性质、特征不同，消费者的购买要求也不同，因而要针对不同性质的产品采取不同的促销组合策略。

小贴士

产品不同生命周期对促销方式的影响

对于处于不同生命周期阶段的产品，促销侧重的目标不同，采用的促销方式也不同。

农产品的投入期，需要提高知名度，采用广告和公关宣传效果较好。

农产品的成长期，促销重点是增进顾客的兴趣，促销方式可变为广告宣传，从不同角度介绍产品的特征和效用。

农产品的成熟期，由于竞争对手的增多，为了保持市场占有率，企业必须增加促销费用。

农产品的衰退期，应把促销费用降到最低限度，以保证足够的利润收入。

三、促销组合基本策略

促销组合的运用策略，可分为推动策略和拉引策略两类（表 7-8）。

表 7-8　促销组合策略

种类	内　　容	常见方法
推动策略	运用人员促销和各种营业推广手段把农产品推向目标市场	走访销售法、示范推销法、网点销售法、服务推销法
拉引策略	运用大量的广告和宣传措施，激发消费者对农产品发生兴趣，产生购买行为	会议促销法、广告吸引法、展销会拉引法、订货会拉引法、代销法、试销法、信誉销售法

◼ 拓展阅读

2013 上海·哈尔滨绿色农产品展销会展销两旺

为期 4 天的 2013 上海·哈尔滨绿色农产品展销会落下帷幕，来自哈尔滨市的优质农产品让上海市民依依不舍。本届展会现场销售额达 335 万元，同时签订合同 30 个，意向性协议 45 个，总签约金额达到 3.97 亿元。

"准备卖 4 天的辣白菜，一上午就被抢光了。""我家红肠补了 4 次货⋯⋯"展会尚未结束，由于农产品早就卖完了，来自哈尔滨的农产品经销商凑在一起聊起了天。

虽然是展会的最后一天，可前来购物的上海市民依然络绎不绝。精明的上海人最喜欢在展会的最后一天来购物，认为很多展商会将剩余商品降价出售。可这次前来"捡漏"的上海市民却很失望，因为许多产品早早就被抢购一空了。

哈尔滨的优质农产品不仅让上海市民慕名而来，许多上海当地的经销商也借助展销会寻找商机。上海大润发超市就和两家哈尔滨企业成功签约。

◼ 案例分析

◆ 阅读案例

美国苹果在中国市场的促销战略

我国苹果连续丰收，正在苹果市场相对饱和、销售不畅、价格不高、果农一筹莫展的当口，美国华盛顿州的苹果却在北京、上海、广州等城市频频亮相，虽然其不菲的价格令人咂舌，但消费者稍加犹豫后还是打开了钱包。美国苹果在分析中国市场后采取的针对性的促销策略发挥了很大作用。

为了让苹果进入中国市场，华盛顿州苹果协会选定特殊的销售对象——中国的少年儿童。该协会在广州和北京的联络处选择了 10 家大型幼儿园开展推广活动。他们既向幼儿园赠送苹果，派发宣传小册子，又赠送儿童填色比赛画稿，举行儿童填色比赛，还在上海 3 年级以上的中小学生中举办"美丽的果园——美国华盛顿州苹果儿童绘画大赛"。

年节是销售旺季，苹果协会抓住中国人喜置年货、走亲访友送礼品的特点，于圣诞、元旦及春节开展大规模促销活动。组织水果店、商场、超市进行零售大抽奖销售，在北京，6个装的华盛顿州苹果礼盒闪亮登场。

华盛顿州苹果协会充分利用中国媒体扩大宣传攻势，协会北京联络处与中国教育电视台等合作制作了一套介绍华盛顿州苹果的特别节目。在上海，协会上海联络处与东方广播电台音乐台合作，举办了为期一个月的"苹果＋音乐＝……"专题，既播放最新的美国音乐，又宣传华盛顿州苹果的生长、运输及贮藏知识，介绍华盛顿州苹果的丰富营养及一些令人垂涎的独特吃法。

华盛顿州苹果协会非常了解中国的宣传渠道，在公共关系促销战略中，利用具有权威性的电视台和广播电台，以中国人民喜闻乐见的节目形式给中国消费者留下了深刻印象。

◆ **分析讨论**

美国人究竟凭借什么魔法打开了中国的苹果市场？美国苹果在中国的成功给中国农业带来了怎样的启示？

◆ **提示**

1. 制定促销策略和方案，要在深入了解目标市场的前提下进行。

2. 在营销过程中，要根据具体情况使用多种促销方式，各种促销方式并不是独立的，而是相辅相成共同起作用的。

3. 在营销过程中，要结合企业自身特点和产品优势选择适合自己的促销组合。

▌ 实 训 活 动

制定具体农产品的整体促销方案

◆ **实训目的**

1. 结合所学知识能针对具体的商品选择适合的促销组合策略。

2. 掌握农产品促销方法的设计。

◆ **实训步骤**

1. 学生分组，了解实训前的准备和注意事项。

2. 每组选定一种农产品，为其设计具体的促销组合方案。

3. 方案设计思路：

(1) 首先要了解本地的营销环境，进行市场调查，行动才有针对性。

(2) 选择农产品的目标市场，确定最终的消费者范围。

（3）选择具有市场针对性的促销策略，制定完善、适用、可行的促销组合策略。

4. 撰写促销方案。

5. 教师点评总结。

◆ **实训地点与学时分配**

1. 地点：教室、当地的农产品市场和超市、居民社区、机房（查阅资料）。

2. 学时：6 学时。

能力转化

◆ **判断题**

1. "推动"策略，人员推销的作用最大，"拉引"策略，广告的作用更大一些。（　　）

2. 产品寿命周期一般分为四个阶段，处于不同阶段的产品，促销的重点目标不同，所采用的促销方式也有所区别。处于成熟期的产品由于已经有一定的市场占有率，应逐渐减少促销费用的投入。（　　）

◆ **思考题**

1. 在农产品的不同生命周期，农产品营销企业应该分别采用怎样的促销组合策略？

2. 推动策略和拉引策略分别具有什么样的特点？

单元八

农 产 品 物 流

　　本单元主要学习农产品物流的含义，农产品物流与农业物流、农产品流通、农产品储运的关系，农产品物流的分类，农产品物流的功能及各功能的作业方式、不合理表现及农产品物流各项功能的合理化运作等问题。

项目一　认识农产品物流

 学习目标

● 知识目标

1. 理解农产品物流的含义和农产品物流的相关概念。

2. 明确农产品物流的主要分类、农产品冷链物流的内涵。

3. 了解农产品物流的特性。

● 能力目标

能正确区分农产品物流与农业物流、农产品流通、农产品储运的关系；能根据不同农产品的特性，采用适宜的物流方法。

● 素质目标

提高对农产品物流的认识。

■ 案例导入

果农离你有多远

当你从超市的水果架上随手取下一串葡萄，你知道这串葡萄从树上摘下的那一刻起，一直到你手上，中间究竟经过了哪些环节？被多少辆货车运转才最终送上货架的？

果农要怎样做才能够更经济地将生产的葡萄送到零售店里？或直接送到消费者手中？这就涉及农产品的物流问题。

◆ **思考** 农产品物流就是农产品储运，这种说法对吗？请说说你对物流的理解。

■ 知识储备

一、农产品物流的含义

1. 物流的定义

物流中"物"的概念是指一切可以进行物理性位置移动的物质资料，如原材料、半成品、产成品、商品等。"流"泛指物质的一切运动形态，既包括空间的位移，也包括时间的延续。

我国 2001 年 8 月 1 日实施的《中华人民共和国国家标准物流术语》将物流定义为：物品从供应地向接收地的实体流动过程，是根据实际需要，将运输、储存、装卸搬运、包装、流通加工、配送、信息处理等基本功能有机结合，来实现用户要求的过程。

2. 农产品物流的定义

农产品物流是物流业的一个分支，指的是为了满足消费者需求、实现农产品价值而进行的农产品物质实体及相关信息从生产者到消费者之间的流动过程。这个过程包括运输、储存、装卸、搬运、包装、流通加工、配送、信息处理等活动的有机组合。

农产品物流的目标是增加农产品附加值，节约流通费用，提高流通效率，降低不必要的损耗，从某种程度上规避市场风险。

二、农产品物流的相关概念

1. 农业物流

农业物流是指从农业生产资料的采购、农业生产的组织到农产品的加工销售等一系列活动过程中所形成的物质流动。根据农业生产过程的主要阶段，农业物流可分成四段物流：一是农业供应物流；二是农业生产物流；三是农业销售物流；四是农业废弃物物流。

小贴士

农业物流的类型

1. 农业供应物流　以组织农业生产所需的种子、肥料、农药、兽药、饲料、地膜、农机设备等生产资料为主要内容的物流。

2. 农业生产物流　从动植物和微生物的种养、管理到收获整个过程所形成的物流。包括三个环节：一是种（植）养（殖）物流，包括整地、播种、育苗、移栽等；二是管理物流，即农作物生长过程中的物流活动，包括除草、用药、施肥、浇水、整枝等，或动物的喂养、微生物培养等所形成的物流；三是收获物流，即为了回收生产所得而形成的物流，包括农产品采收、脱粒、晾晒、整理、包装、堆放或动物捕捉等所形成的物流。

3. 农业销售物流　即农产品物流，包括农产品产后加工、包装、储存、运输和配送等环节。物流对象包括粮、棉、油（料）、茶、烟、丝、麻、蔗、果、菜、瓜等。这个物流过程是目前农产品实现市场价值的关键。

4. 农业废弃物物流　在农业生产和农产品销售直到消费的过程中，会有废弃物、无用物和可回收物生成。农业废弃物物流是对它们的处理过程中形成的物质流动。目前农业废弃物生成数量较大，但重视不够。

2. 农产品流通

农产品流通是指农产品从生产领域向消费领域转移的过程中，其价值、使用价值、相关信息等的流动过程，包括商流、物流、信息流和资金流（图8-1）。

（1）商流。商品所有权转移的活动称为商流，商流活动一般称为贸易或交易。

（2）商流与物流的关系见图8-2、图8-3。

商流和物流是农产品流通活动中不可分割的两个方面，它们既有分离又有结合，既相互依存、缺一不可，又相互独立，各有自己的职能。

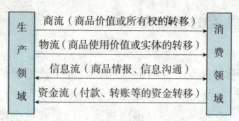

图 8-1　农产品流通过程

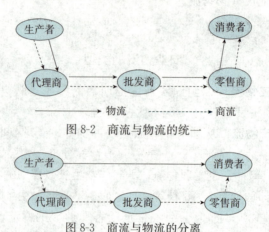

图 8-2　商流与物流的统一

图 8-3　商流与物流的分离

在商品流通中，商流起主导作用，有了商流才有物流，但是没有物流，商流也无法实现。所以，商流是物流的前提，物流是商流的保证。

三、农产品物流的分类

1. 按照农产品的特性分类（表 8-1）

表 8-1　农产品物流按农产品的特性分类

物流类型	农产品特性	物流要求
流体农产品物流	无固定形状，容易流失散落的较小颗粒状或液态（如粮食、食油、蜂蜜）	包装材料要达到一定强度；包装方法要紧密；减少装卸搬运中的外力挤压等
鲜活农产品物流	含水分高，容易腐烂变质，且易破碎（如鲜果、蔬菜、肉、蛋、水产品）	各环节都要重视，采用合适的保鲜设备与技术；轻拿轻放、快装快运；减少渠道层级、缩短运作时间等
纤维农产品物流	密度小、燃点低、吸湿性强、易老化（如棉、麻、丝、毛）	储运时要通过捆压包装来压缩体积；要注意通风散热，防止过热；环境的相对湿度要控制在 60% 左右；要避免与阳光长时间接触

（续）

物流类型	农产品特性	物流要求
耐储农产品物流	自然属性较稳定、变化缓慢（如干菜、干果、皮毛）	对物流的要求不太高
易串味农产品物流	容易吸收异味或容易散发味道（如茶叶、药材）	要保持包装和运载工具的整洁，保持通风；不可将易吸收异味的与易散发味道的农产品临近储运；要控制环境的湿度，防止霉变和脆化

2. 按照运作的温度条件分类（表 8-2）

表 8-2　农产品物流按运作的温度条件分类

物流类型	温度条件	适宜范围
常温链物流	在通常的自然温度条件下，对农产品进行的物流活动	大多数非鲜活类农产品
冷链物流	从产地采购、加工、储藏、运输、销售直到消费的各个环节，始终处于规定的低温环境下，以保证农产品的质量，减少农产品的损耗，防止农产品的变质和污染	蔬菜、水果、肉、禽蛋、水产品、花卉等鲜活类农产品

■ 拓展阅读

冷链物流"断"在哪里

　　农产品在流通环节腐损率偏高，影响农户、批发商和消费者等多方利益。随着社会对食品质量安全的要求越来越高，"牵一发而动全身"的冷链物流，究竟"断"在哪里？

　　1. 运费是道绕不开的坎　　眼下，在湖北省巴东县野三关镇海拔 1 300 米的玉米塘村，成片的山坡"披红戴绿"，那是等着下地的青椒、红椒和番茄。

　　该村蔬菜专业合作社理事长杨家兵却面露难色。原来，提前采收上市，可避开三伏天，但躲不开山东、安徽菜的价格战；推迟 1 个月上市，又难免暑期运输腐损问题。"整个野三关镇年产高山蔬菜超过 10 万吨，可冷链货车基本上没有，常年靠敞篷货车外运。"杨家兵透露，合作社的高山蔬菜 70% 发往武汉，海拔从 1 300 米跌至 300 米以下，气温和湿度骤变，会加速蔬菜腐烂。未冷藏的小白菜，超过 10 小时，菜根就开始腐烂。

据了解，冷链货车不受欢迎，主要是运费太高。载重 10 吨的敞篷货车从野三关到武汉一趟 4 500 元，而冷链货车一趟至少要 6 000 元，物流成本高于蔬菜腐损的损失。此外，冷链货车售价大多超过 50 万元，是敞篷货车的 3 倍，一般的农民专业合作社买不起。

杨家兵坦言，目前，湖北省的冷链货车主要为鲜肉、乳制品等行业服务，蔬菜产地物流缺乏平价冷链服务，不少新鲜蔬菜因运输问题"身价"大跌。

2. 产地配套冷库缺口大　眼下，正值夏橙上市旺季，北京、天津、浙江、山东等地的客商，都到秭归县夏橙主产地泄滩乡收购，每天收购量达 100 吨。

每千克夏橙收购价在 5～6 元，行情不错。但泄滩乡柑农周青山心里却犯起了嘀咕。"贩子一来，大家一哄而上，抢着采收，把议价权拱手相让。"周青山认为，"贩子经济"不是长久之计，秭归作为水果大县，亟待建立产地冷库，延长柑橘的货架期，实现错峰销售，避免果贱伤农。除了农业产地冷库建设不够，湖北省适合果蔬调峰上市的保鲜冷库缺口也较大。现有冷库多集中在大城市，且主要是为肉类、冻品服务的低温冷冻库。一般情况下，冷冻库每日租金 4 元/米²，租金比保鲜库高 25% 以上，这也是保鲜冷库建设不足的原因之一。重视肉类冷库，轻视果蔬冷库；重视城市经营式冷库，轻视产地配套冷库。贵州省不合理的冷库结构有待改变。

3. 冷链"不冷"普遍存在　目前，市场上有七成冷链货车都是个体经营的社会车辆，发货方和收货方无法实时监控车辆运行。因此，业内也有潜规则——途中关空调，因为冷链车制冷的压缩机由发动机驱动，每百公里比普通货车多耗 5 升柴油。冷链'不冷'，温度一高一低，将加速农产品的腐损。这其中，有人为因素，也有硬件缺陷。

有的农产品从产地运往销地，上游是冷链货车运输，下游零售终端也有冷藏保鲜设施，唯独在批发集散市场冷链断了。目前，各档口存放蔬菜的区域基本都没安装空调。夏季来临，遮阳棚下的水泥地时常泛起近 60℃ 的热浪，生鲜蔬菜哪里受得了。

冷链"不冷"，说明贵州省冷链物流各环节的设施、设备、温度控制和操作规范等方面缺少统一标准和监管，农产品生产与冷储、运输、批发、零售等环节的融合也不够，未能形成完整的冷链产业链。

（资料来源：中国冷链物流网，2014 年 6 月 23 日）

◆ 讨论　阻碍冷链物流发展的主要因素是什么？有哪些解决方法？

3. 按照物流活动的主体分类（表 8-3）

表 8-3　农产品物流按物流活动的主体分类

物流类型	内　涵	优缺点
自营农产品物流	农产品生产经营者借助自有资源、自备车队、仓库、场地、人员，组织物流活动的业务模式	优点：可以有效、快速地传达指令并得到信息反馈 缺点：会加大自身人员、资金的压力；由于农产品季节性原因，物流设备利用率较低
第三方农产品物流	独立于农产品供给者与需求者以外的专业物流企业，基于契约为供需双方提供一系列物流服务的业务模式，已成为现代物流的主流模式	优点：专业物流企业，可以提供系列化、个性化、信息化的物流服务；有利于农产品经营者集中精力发展自己的核心竞争力，节约物流费用，提高物流运作效率

■ 拓展阅读

太行山农产品物流园区

太行山农产品物流园区位于山西省长治市区与长治县之间的苏店镇苏店村南端，占地 2 400 余亩，建筑面积达 200 余万米^2，历经 4 年多的建设，工程总投资达 26 亿元，以蔬菜水果、禽肉蛋奶、粮食油品、苗木花卉、农资药材、公共服务六大板块、15 个专业功能区为基本内容的现代农产品物流园区已经由开发建设转向全面经营。

园区每天至少保持 30 种时令蔬菜，平均每天销售蔬菜 500～800 吨，交易额达 240 万元。在销售旺季，园区的单日成交蔬菜量能达到 1 000 多吨，日均交易额 300 余万元。进货渠道涵盖山东、云南、河南等 11 个省份，销售渠道除覆盖长治 13 个县（市、区）外，还延伸到晋城、临汾、晋中等周边地市和河南、陕西、内蒙古、辽宁等地。可以说，这里是农产品的天下，这里有天下的农产品。

一辆载着满车青椒的农用车缓缓驶进物流园区，在蔬菜交易区停了下来。市场安检工作人员随机抽了一箱，到化验室检验。工作人员将检疫合格的农产品信息、产品原产地、负责人、联系电话等信息输入计算机，打出商品编码，然后引导车辆在指定位置卸货、过磅、结账。

物流园区带动的不仅仅是周边村，带动的是全县日光温室大棚，总数已达到 2 000 座；新建移动大棚 100 亩，总数达到 1 500 亩；全县万头养猪场已达到 10 个。同时还带动了一大批相关产业的发展，为一批相关企业的生产、销售与交流提供了更加广阔的平台。

（资料来源：山西农民报，2014 年 10 月 7 日）

四、农产品物流的特点

1. 农产品物流数量特别大，涉及面非常广

我国生活消费农产品主要以鲜货鲜销形式为主。农产品的生产基地在农村，而广大的农产品消费者生活在远离乡村的城市，在分散的产销之间要满足农产品消费者在不同时空上的需求，就必须将大量农产品从产地（农村）适时、保鲜、安全地转移到销地（城市），这使农产品物流面临着数量和质量上的巨大挑战。加上轻工、纺织和化工所用原料农产品，我国农产品物流流量之大、流向之广已居世界各国前列。

2. 农产品物流技术要求高

工业品物流一般关注的是如何高效地将产品运到目的地，而农产品物流同时还必须保证自身的卫生与安全。新鲜、安全、卫生、营养是农产品的价值所在。由于农产品自身的生化特性，容易感染微生物而腐败变质，因而农产品物流特别要求绿色物流，这就加大了对仓储、运输、包装、加工等环节的技术要求。

3. 农产品物流专业性强、难度大

农产品的多样性和各自所具有的生化特性要求农产品物流具有很强的专业性，不同农产品在运输储存过程中，各自要求的输送设备、运输工具、装卸设备、质量控制标准各有不同。这就要求农产品流通加工、包装方式、储运条件和技术手段具有专业性。这也加大了农产品物流的难度。

4. 农产品物流季节性与周期性明显

与工业品相比，农产品受自然条件制约较大，在农产品成熟期、丰收季节，会出现短时、集中、强大的物流量，而在其成熟季节过后，物流量则迅速减小甚至为零。在丰收时，农民如果加大投资，购买一些物流设备，而在平时，这些设备可能是空着的，经济上不划算。

■ 拓展阅读

美国农产品物流发展经验

美国农产品物流体系非常发达，以"大生产大流通"为主要特点。

1. 农产品物流基础设施和设备完善发达，支撑了农产品物流的高效运作 美国的交通运输设施十分完备，公路、铁路、水运四通八达。高速公路遍布城乡，公路呈网状结构，能够直接通往乡村的每家每户；铁路运

输也十分方便，一些农产品收购站和仓库、加工厂建有专门的铁路线，如东部的饲料企业把从中西部运来的玉米经铁路直接下卸到企业车间生产线，既提高了市场运营效率，又节省了玉米的储藏和装卸搬运费用。美国的物流设备机械化程度和自动化程度高，如粮食的装卸输送设备就有螺旋式输送机、可移式胶带输送机及低运载量斗式提升机等。

2. 农业信息丰富，电子商务发达　据统计，美国提供农业信息服务的商业性系统近300家。芝加哥期货交易所是农产品信息的主要来源，农户、农业企业、消费者等市场主体都可以从这里了解农产品的价格变化、市场行情等信息。各种农业网站、信息咨询公司也成为农民了解农产品市场信息的重要途径。在肯塔基州建立的美国首个农用视频电脑系统，存储了大量的农业新闻和农业科技信息，并实时播报市场价格，农户通过个人电脑即可方便地获取上述信息。从农业网站 Directag.com 了解到，有85%的农民上网，16%的农民从事网上交易，农产品网络贸易量占全国电子商务交易总量的8%，在各行业中列第五位。

3. 农产品物流服务的社会化程度高　美国已经建立起完善的社会化服务体系，无论是物流的哪个环节，只要农民有需要，就会有人提供服务。连接农产品供需的物流主体主要是农场主参加的销售合作社、政府的农产品信贷公司、农商联合体、产地市场或中央市场的批发商、零售商、代理商、加工商、储运商等，一般规模较大，承担了全美农产品的运输、保管、装卸搬运、加工、包装和信息传递等功能。据统计，全美近1/3的农场主通过合作社出售谷物。各种行业协会如谷物协会、大豆协会等为农民提供有力支持，代表农民与政府交涉，在农产品产销中发挥着积极作用。

4. 零售业高度发达　在美国，大型零售集团通过规模化经营在国内零售行业中占据统治地位。美国农产品物流是以超级市场为主体的规模化物流体系，超市是鲜活农产品零售的主要渠道，占生鲜农产品销售总额的80%以上。美国超市大力推行"直销流通模式"，通过与优质农户签订购销合同，超市直接从农户手中采购农产品，既保证了农产品质量，又压缩了流通环节。大型超市一般都拥有自己的配送中心，有利于控制运输成本，还能对产品质量进行严格的追踪。

5. 具有各种先进的物流技术，如信息技术、储运技术、包装技术等专业技术　农产品在整个物流过程中运用冷链技术设备，大大降低了农产品的损耗率，如蔬果的物流环节为田间采后预冷→冷库→冷藏车运输→批发站冷库→冷藏车运输→超市冷柜→消费者冰箱。

6. 政府积极扶持调控　美国政府对农民的生产经营活动不直接干涉，但对农产品物流实行了积极的调控。首先，政府主动对农产品物流进行投资，建设各种基础设施设备，如美国对全国农业信息系统的建设；其次，政府对农产品物流参与者实行相对其他行业更为严格的管制和立法规范，为农产品物流的发展创造了良好的外部环境；此外，政府还提供权威的信息服务，美国农业部约有 10 万人分布于全国各地，专门从事农业信息统计，对各农场每一块耕地上所种植的作物品种、面积、长势、产量都了如指掌，所获取的信息经过汇总处理，由政府定期发布，从而指导农户的生产经营。

◆ 讨论　以上资料对我国的农产品物流发展有哪些启示？

■ 案例分析

◆ 阅读案例

一棵大白菜的物流旅程

每次物价飙涨，似乎都离不开贴近民生的粮食、蔬菜、肉、蛋等。涨价并非都因需求陡增造成的，而是一些看不见的"手"在作怪。

● 旅程 1

> 时间：2010 年 12 月 27 日早上 8 点
> 地点：山东泰安市肥城王庄镇某村蔬菜大棚
> 大白菜价格：0.3～0.4 元/千克

"每斤 1 毛 5，这个价格已经不能再低了。"菜农张如生对眼前的几个上门收菜的人说："现在物价这么高，种菜投入也多了，总不能让我赔钱卖吧。"

大白菜一般亩产 4 000～5 000 千克。据张如生估算，白菜种子每亩就要花 30～50 元，再加上农药、化肥、人工管理、浇水都需要投入。随着各种费用的上涨，种一亩白菜成本近 1 000 元。

此外，单是储存一项，更是一笔巨大开支。大白菜露天存放，只简单盖层草垫，这在一些白菜产区十分普遍。如果为了保持时间更长，或是为了防止霜冻，必须采用冷库低温储藏，这样的话，所需费用一般农户显然承受不起。于是，利用大棚储藏就成了菜农们普遍采用的方式。不过，即使这样成本也很高，建造一个存放5吨白菜的大棚，需要3 000～4 000元的费用，而这种大棚也只能用4～5年。

几个菜商凑在一起低声商量了一会儿，最后决定成交。不过白菜要去根、去帮儿、进行简单加工，他们先只交押金，等下午再领人过来装车运走。张如生苦笑了下同意了，他知道这些人还要再找下家。

● 旅程2

时间：2010年12月27日中午12点
地点：山东泰安市肥城蔬菜批发市场摊位
大白菜价格：0.4～0.6元/千克

临近中午，菜商闫立和顾不上吃午饭，仍在市场里四处询价。将山东本地白菜低价买下，运到北京的蔬菜批发市场以较高价卖出，从中赚些差价，是闫立和从事了3年多的生意。而这个冬天，他觉得经营风险似乎比往年都大。

在转过几个蔬菜批发市场后，他感觉市场形势并不乐观。白菜整体质量似乎比往年好些，可价格实在是高了，以这种价格拉到北京，很难赚到钱。就在闫立和准备离开的时候，几个中介商模样的人上来搭讪，他们正是收购张如生白菜的那些人。在看过样品和询价后，双方初步达成意向，但闫立和提出先去看看白菜整体质量后再做决定。

在张如生的大棚里，双方最后将价格谈妥，每千克0.44元。这时张如生提出白菜都已去根、去帮儿，并且每根白菜都裹上了一层薄塑料膜用以保鲜，这部分加工和成本费，不应该由他来承担，要不他就要亏大了。

最后包括白菜加工费、装卸费在内的费用，都算到了闫立和头上。"费用虽然不多，可也是不可回避的成本啊。"据了解，每棵白菜塑料薄膜费用在几分钱左右，装卸费是一个工人每吨要收12～15元。而闫立和表示，最大的支出，是他们由山东运到北京的运费。

● 旅程3

时间：2010年12月28日上午
地点：北京新发地农产品批发市场摊位
大白菜价格：0.8元～1.0元/千克

由于闫立和没有自己的车辆，不得不从当地租了一辆大货车。运费是一口价，每吨 140 元。这次他收购的白菜 10 吨多些，运费总共 1 500 元左右，这与去年相比上升了几百元。

闫立和一再抱怨运费太高，可运输方也很委屈。他们认为，虽然农产品运输车辆在高速公路行驶，都可通过绿色通道免费通行。但油价、司机工资等费用的上涨，使他们也面临着巨大的成本压力。

经过 5 个多小时的长途跋涉，闫立和终于在 12 月 28 日上午将白菜从山东运到了北京。而当他们准备进入新发地农产品批发市场的时候，新的费用支出又来了。

进入市场，按照规定要缴纳一定费用。运送白菜的货车进场费，不但比上年涨了，而且不管大车小车统一收费都是 90 元。此外，由于白菜价格高，两天才能卖一半，有的一车白菜要卖六七天，吃住花销也是一笔不小的成本。

"没办法，这些成本都要加到菜价中去。"闫立和在算过账后发现，即使每千克白菜卖 0.8 元，依然只是刚刚能收回成本，并没有多少盈利的空间。可当天新发地的白菜价格行情基本在 0.8～1.0 元，"看来这次真的要赔本赚吆喝了。"他有些无奈地说。

● **旅程 4**

时间：2010 年 12 月 28 日下午 4 点
地点：北京朝阳区定福庄西街菜市场摊位
大白菜价格：1.6 元/千克

在内行眼里，蔬菜加价最猛的环节，并不是从产地到销地批发市场中间这几百上千公里，而往往是从批发市场到零售市场的十几公里甚至最后一公里。

真实的情况也确实是这样。北京市区内各菜市场的大白菜价格基本都比批发市场高出近一倍，甚至更多。但在这个环节，商贩似乎也没有赚到"暴利"。

王军在北京朝阳区的定福庄西街菜市场承包了两个摊位，每天下午他都要开着自己的小面包车到各大蔬菜批发市场采购。在新发地农产品批发市场，他以每千克 0.9 元的价格，从闫立和手里买到 50 千克白菜后，完成了今天的采购，准备拉着一车蔬菜往回走。有人问他为什么不多买点儿，王军笑笑说，一是因为目前白菜价格高，不太好卖，另外城区不允许通行货车，他每次也只能拉这么多了。

在定福庄西街菜市场，白菜的价格基本在每千克 1.6 元。王军认为，白菜价格翻一番，是因为他们的成本压力更大。

"摊位费比菜价涨得都快。"王军说，这个市场和北京其他菜市场一样，摊位费年年见涨，一个摊位摆不了多少菜，他只能一下租赁两个。而现在生意不太好做，费用又太高，他准备把其中一个转租出去。

一方面市场里的摊位费越来越高，让许多商贩都感到吃不消；另一方面，租房、孩子上学、基本生活等开销也越来越大，林林总总算下来，每月的成本在 1 500～2 000 元，这些费用最后绝大部分都要分摊在菜价里。

● 旅程5

> 时间：2010 年 12 月 28 日晚上 7 点
> 地点：北京朝阳区某大型连锁超市摊位
> 大白菜价格：2.2 元/千克

夜幕已经降临，上班族们也纷纷回到家准备晚饭，这时各大菜市场和社区蔬菜店，基本都已关门停止营业，因此去超市购物成为许多人的选择。然而，即使在大型连锁超市，大白菜的价格并不比菜市场便宜多少，甚至在一些店里还要大大高出外边的价格。

一位长期与超市合作，负责供货和配送的商户介绍，由于超市对菜品的颜色和外形都有较严格的要求，大白菜基本都要经过人工挑拣和分装，自然会增加许多额外成本。此外，高额的超市进场费也是抬高白菜价格的一个因素。

据了解，通常情况下，每种蔬菜进驻超市，都要缴纳进场费，同时超市还会根据蔬菜的销售总额，按一定比例提取佣金，也就是"扣点"。像一般大型超市的进场费都在 14 万元左右，近两年逐年上升，加上海报费、条码费等其他管理性收费，每年的费用超过 20 万元。

据某超市蔬菜区负责人透露，虽然蔬菜在进入超市之前已经进行了一轮挑拣，在上架销售之前，为了保证品质，他们还要再挑选一次，然后再进行清洗、包装。超市的人工和场地成本显然要比外边更高一些。并且，为了保证蔬菜的新鲜程度，超市会在每天将剩下的蔬菜做特价处理，如果一些蔬菜当天没有卖出，而质量又已受到影响，蔬菜就会被丢弃。因此，像大白菜一样，大部分蔬菜在进入超市的那一刻，就背上了沉重的成本负担。

近年来，许多超市在试行"农超对接"，这种省去众多中间环节，从农户直接采购的方式，的确可以在一定程度上压缩成本。但在对接过程中，一些新的问题也开始凸显。如在蔬菜的采摘、仓储、运输环节，因为缺乏统一和规范，超市不得不进行额外的投资，对农户进行培训、对设备进行完善等，这些费用往往最后都要由超市自己承担。这些额外的支出使成本并未完全降低到人们期待的水平，而包括大白菜在内的各种蔬菜，也很难逃出"被高价"的命运。

(资料来源：现代物流报，2011 年 4 月 29 日)

◆ **分析讨论**

1. 请画出大白菜的物流流程图，并标出各物流环节的成本构成。
2. 如何降低大白菜的物流成本？

■ 实训活动

本地区主要农产品物流条件分析

◆ **实训目的**

1. 明确本地区主要农产品的物流要求。
2. 了解本地区主要农产品物流运作的基本情况，分析物流条件的优势与不足。
3. 培养学生关注农产品物流的意识。

◆ **实训步骤**

1. 学生分组，一般 2～3 人一组，以小组为单位开展活动。
2. 教师指导学生上网搜集有关农产品的属性及相关资料。
3. 学生实地考察当地农产品物流中心，了解主要农产品物流运作的基本情况。
4. 小组讨论，整理分析资料，填写下表。

本地区主要农产品	物流要求	物流现状	物流中存在的问题	合理化建议

5. 提交实训报告，班级交流。

◆ **实训地点与学时分配**

1. 地点：营销实训室、当地农产品物流中心。

2. 学时：课余时间（2～3 天）搜集整理资料，2 学时课堂交流。

能力转化

◆ **填空题**

1. 根据农业生产过程的主要阶段，农业物流可分成 ＿＿＿＿＿＿、＿＿＿＿＿＿、＿＿＿＿＿＿、＿＿＿＿＿＿。

2. 农产品流通是物流、＿＿＿＿＿＿、＿＿＿＿＿＿、＿＿＿＿＿＿的集合体，缺少其中任何一项都不能构成流通。

◆ **判断题**

1. 农产品物流就是指农产品储运。（　　　）

2. 农业物流包含农产品物流，农产品物流是农业物流的子项目。（　　　）

3. 商流和物流的关系非常密切，两者的流动方向是一致的。（　　　）

4. 物流活动克服了供给方和需求方在空间和时间方面的距离。（　　　）

5. 一般情况下，果蔬适宜采用常温链物流。（　　　）

◆ **思考题**

1. 简述农产品物流与农业物流、农产品流通、农产品储运之间的异同。

2. 请根据当地不同农产品的特性，确定合适的物流方法。

3. 结合实际说明自营农产品物流与第三方农产品物流各有哪些优势与劣势？

4. 课后查阅日本与荷兰农产品物流发展的资料，他们的经验对我国的农产品物流发展有哪些启示？

◆ **案例分析题**

分析以下案例中商流与物流的先后顺序：

1. 某水果经销商把存在广州仓库的香蕉调运到太原仓库以待销售。

2. 某蔬菜批发店与一家菜农签订合同，一次性付款购买了其已入窖的白萝卜1 000 千克，但暂不提货，仍要留存在菜农菜窖 1 个月。

3. 某消费者在网上购买了一些农产品，要求先付款后发货。

4. 某消费者在网上购买了一些农产品，付款方式为货到付款。

项目二 农产品物流合理化

 学习目标

● 知识目标

1. 理解农产品物流各功能的含义和作用。
2. 掌握农产品物流各功能的作业方式。
3. 了解农产品物流各功能不合理的表现。
4. 掌握农产品物流各功能合理化的方法。
5. 熟悉物流配送的一般业务流程。

● 能力目标

能根据具体情况，灵活运用所学知识，解决农产品物流实际中的不合理问题。

● 素质目标

培养重视农产品物流合理化的意识。

 案例导入

农产品物流环节损耗巨大

据统计我国农产品物流环节的损耗平均比例是 30%，而美国、日本等发达国家则为 3% 甚至更低。我国农产品物流环节的损耗是美国、日本等发达国家的 10 倍。

生鲜农副产品的物流损耗主要是指在仓储、运输及装卸等过程中，因缺少冷链或冷链断链造成的产品腐坏。以蔬菜为例，从山东寿光一家蔬菜批发市场到北京新发地批发市场，用普通方式运送蔬菜，夏天在高温下，部分蔬菜会腐烂；冬天也有一些蔬菜会上冻。1 吨蔬菜从寿光到新发地，能剩下 700 千克就不错了。这还只是蔬菜运输的一个环节，接下来还有从新发地到北京市区菜市场的环节，这中间也必然出现损耗。如此惊人的物流损耗，也是新鲜蔬菜价格高涨的原因之一。

如果采取冷链仓储及配送，夏天使用冷藏车，冬天使用恒温车，蔬菜在适宜的温度下即可保持新鲜。发展冷链物流是解决生鲜农副产品物流环节损耗的关键。

◆ 思考

1. 既然已经明了发展冷链物流是降低生鲜农副产品物流损耗的重要途径，为何农产品生产者与物流企业不采取这样的办法？

2. 怎样才能降低冷链物流的成本？

农产品物流合理化就是用最经济的办法实现物流的功能，即在保证农产品物流功能实现的前提下，尽量减少投入。

农产品物流功能即农产品物流活动，一般包括仓储、运输、装卸搬运、流通加工、包装、配送以及信息处理等要素，见图8-4。

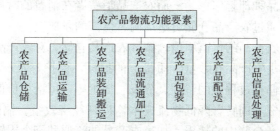

图8-4 农产品物流功能要素

知识储备

一、农产品仓储合理化

农产品仓储是农产品物流的主要功能要素之一，它与农产品运输是农产品物流过程中的两个关键环节，被称为"物流的两大支柱"。实行农产品的合理存储，提高仓储管理质量，对加快物流速度、降低物流费用、发挥物流系统整体功能起着重要作用。

1. 农产品仓储的含义

仓储中的"仓"即仓库，指存放物品的建筑物、大型容器、洞穴等特定场所；"储"即收存、保管以备使用。"仓储"就是运用仓库存放、保管物品的行为。农产品仓储就是指利用仓库对农产品进行储存和保管的过程。

2. 农产品仓储的作用

（1）可调和农产品生产与消费的矛盾。

● **衔接生产与消费时间上的背离** 农产品的生产往往具有季节性，而作为人们生活的必需品，农产品的消费却是长年、持续的。为保证农产品全年均衡供应，农产品生产经营者利用仓库储存农产品进行调节，以确保在农产品生产的淡季也能满足人们的日常需求，创造了明显的时间效应。此外，许多农产品在最终销售以前，要进行挑选、整理、分装、组配等工作，这也需要农产品仓储来实现，从而创造时间效用。

● **克服生产与消费地理上的分离**　农产品的生产主要在农村区域，而消费农产品的人则遍及各地。通过在靠近人们生活区的位置建立仓库储存农产品，可防止人们购买农产品时出现短缺现象，拉近农产品产地与市场的距离，体现出明显的空间效应。

● **调节生产与消费方式上的差异**　生产与消费的矛盾还表现在品种与数量方面。对农产品生产者而言，随着生产专业化程度的不断提高，生产的农产品数量很大，但品种却趋向单一。而农产品消费者在消费的时候会选择少量而多样化的产品。通过农产品仓储可解决两者供需的矛盾。

（2）可实现农产品的保值增值。搞好农产品仓储，对农产品进行科学的养护与管理，可减少农产品在数量、质量上的损耗，保护好农产品的使用价值，而且农产品通过储存过程中的整理、分级、加工等，可增加价值。

（3）可加快资金周转，降低物流成本，提高经济效益。搞好农产品仓储，可以减少农产品在仓储中的耗损，加速农产品的流通和资金周转，节省费用支出，从而降低物流成本，提高经济效益。

3. 农产品仓储的基本方式（表 8-4）

表 8-4　农产品仓储的基本方式

仓储方式	特　　点	适宜情况
简易储存	采用一般库房或现有设施，不配备其他特殊技术设施，投资较少，简单易行，如库藏、沟藏、堆藏	含水分较少的耐储农产品，应注意通风，储存时期不宜过长
窖窑储存	储存环境氧气稀薄，二氧化碳浓度大，能抑制微生物活动和各种害虫的繁殖，且温湿度稳定，如棚窖、井窖、土窑洞	植物类鲜活农产品如马铃薯、胡萝卜、大白菜、苹果等较长时间的储存
通风库储存	利用空气对流的原理，引入外界的冷空气起降温作用，其保鲜效果可达普通冷库的效果，而成本却相对低很多	果蔬等农产品的储存，可常年和长期使用，主要适用于北方地区
机械冷库储存	借助机械制冷，自主控制库内的温度和湿度。其特点是效果好，但造价与运作费用较高	多用于动物类鲜活农产品（如肉、禽、水产品）和新鲜果蔬的储存
气调保鲜储存	由冷藏、减氧增碳（二氧化碳）等构成的综合保鲜方法，可最大限度地抑制农产品的呼吸作用，延缓氧化	适用范围较广，特别适宜储存鲜活农产品，如蔬菜、果品等

4. 农产品仓储不合理的表现

不合理仓储主要表现在两个方面：一是由于仓储技术不合理，造成了农产品的损耗；二是仓储组织、管理不合理，导致作业效率低下，储存成本增高。具体表现形式如下：

（1）库存农产品的使用价值降低。主要表现为因储存环境的温湿度不合适而引起的农产品霉变、腐烂、结块或溶化（如面粉、蔗糖），因长期接触阳光造成的氧化（如棉、麻、丝、毛），因包装容器破损或密封不严造成的渗漏（如蜂蜜），因碰撞、挤压导致的破碎（如鲜果、鸡蛋）以及因鼠害、虫害导致的农产品品质下降等。

（2）库存量过高。一般来说，农产品库存越高对市场供应的保障能力越大，但保障能力的提高并不是与库存量成正比的。当库存量增加到一定水平后，所增加的库存量对保障能力基本不产生什么影响，但农产品的库存损耗、保管费用等却随着库存的上升成同比增加。

（3）仓储时间过长。农产品经储存后可实现时间效用，但如果储存时间过长，农产品损耗和库存保管成本会随之加大，同时还面临着农产品市场价格波动的情况。

（4）仓储条件不足。农产品储存条件不足包括仓库容量小、仓储设施陈旧、冷库不足等，从而增加农产品的储存损耗。

（5）仓储结构失衡。储存结构失衡是指不同品种农产品储存数量的比例关系、不同地区农产品储存数量的比例关系与实际需求不相符。

小贴士

农产品仓储合理化的标志

1. 质量标志　保证农产品的质量是完成农产品仓储功能的根本要求，只有这样农产品的使用价值才能通过物流得以最终实现。农产品时间效用和地点效用的实现都是以保证质量为前提的。

2. 数量标志　在保证功能实现的前提下，有一个合理的数量范围。

3. 时间标志　在保证功能实现的前提下，寻求一个合理的储存时间。这是和数量有关的问题，储存量越大而消耗速率越慢，则储存的时间必然长，相反则必然短。

4. 结构标志　从不同品种农产品储存数量的比例关系判断储存的合理性，具有相关性的农产品之间的比例关系更能反映储存合理与否。

5. 分布标志 指不同地区农产品储存的数量比例关系，以此判断对当地需求的保障程度以及对整个物流的影响。

6. 费用标志 仓租费、维护费、保管费、损失费、资金占用利息支出等，都能从实际费用上判断储存的合理与否。

5. 农产品仓储合理化的措施

（1）严格验收入库农产品。要对入库的农产品及相关物品进行合格验收，防止不合格产品带入病虫害、微生物等质量隐患。

（2）适当安排储存场所。不同农产品要分类分区保管，因不同种类农产品性质特点差异很大，要求的仓储技术和设备设施也很不同。

（3）科学码放。要依据农产品重量和特性等因素，来安排保管的位置，把重的、抗压的农产品放在货架的下层，把轻的、怕挤压的农产品放在货架的上层。

（4）控制好仓库温湿度。要根据不同农产品的需求，合理控制农产品储存环境的温度和湿度。

（5）提高仓储密度，有效利用仓库容积。采取高垛、减少库内通道数量与面积等方法，提高单位仓储面积的利用率，以减少仓储设施的投资，降低农产品成本。

（6）合理控制库存。将库存货物按重要程度分为特别重要的库存（A 类货物），一般重要的库存（B 类货物）和不重要的库存（C 类货物）三个等级，然后针对不同等级的货物分别进行管理和控制。

（7）认真进行农产品在库检查。要勤于检查有无腐烂变质、破损等情况，发现后及时采取有效手段。

（8）采用有效的"先进先出"方式。对于易腐烂变质、易破损的农产品和易退化、老化的农产品，必须按先进先出的方式保管，保证被储农产品的仓储期不致过长，以保证储存农产品的使用价值。

（9）搞好仓库清洁卫生。要始终保持仓库内外清洁，防止病虫害滋生。

二、农产品运输合理化

1. 农产品运输的含义

农产品运输是指使用各种运输工具与设备，使农产品实现空间位置转移的物流活动。它是农产品物流业务的核心活动。

2. 农产品运输的作用

（1）可创造"空间效用"。通过农产品运输，可以改变农产品的空间位移，从而能最大地发挥农产品的使用价值，创造空间效用。

（2）可实现临时性的短期保管。如果运输中的农产品需要短暂储存，短时间内又要再次运输，而装卸的费用可能会超过储存在运输工具中的费用时，就可以将农产品临时存放在运输工具上。

（3）可降低物流成本，带来更多收益。农产品物流成本主要包括仓储费、运输费、加工包装费、装卸搬运费、损耗费等，其中运输费所占的比重是最大的。搞好农产品运输，可以节省大量运费支出，从而降低物流成本，带来更多收益。

3. 农产品运输的基本方式（表8-5）

表8-5　农产品运输的基本方式

运输方式	优　点	缺　点	适用范围
铁路运输	①速度快；②运载能力大；③中长距离运输成本低；④安全可靠性高；⑤受天气影响小	①灵活性差，不能进行门对门运输；②近距离运输费用较高	大宗农产品的中长距离运输
公路运输	①灵活性强，可以实现门对门的运输，可深入山区或偏僻的农村；②运输速度快	①运载能力小；②运输能耗高、成本高；③安全性差	运量不大且距离短的独立运输；补充和衔接其他运输方式
水路运输	①运输量最大；②运费低廉；③运输距离远	①速度最慢；②可达性差；③受自然条件影响大	运距长、运量大、时间性不太强的各种大宗农产品的运输
航空运输	①速度最快；②安全性和准确性最高	①载运量小；②运输成本最高；③受天气影响较大；④可达性差	运量少，距离长，对时间要求紧的运输

4. 农产品运输不合理的表现

农产品运输中出现的不合理表现形式不少，主要有以下几种：

（1）空驶。即空车无载货行驶，是不合理运输的最严重形式，因计划不周，信息不准、不采用运输社会化而导致返程或起程空驶。

（2）对流运输。即相向运输，是指同一种农产品或可以互相替代的农产品，在同一条路线上做相对方向的运输。

（3）迂回运输。即绕道而行，农产品从供应地到需求地之间，有多条运输路线，本来可以选择较短的路线，却选择了较长的远路进行运输。

（4）重复运输。即中途转运，农产品本来可以从起运地直接运往目的地，却在中途重复装卸，经过转运再运达目的地。

（5）倒流运输。是指农产品从起运地运往目的地后，又回流至起运地的现象。

（6）过远运输。是指有两个以上的产地生产同一种农产品，本应该就近供应邻近的销地，却供应了距离较远的销地，或本应该从距销地较近的产地进货，却从距离较远的产地进货。

（7）亏吨运输。是指农产品在装运时，其装载量没有达到车、船规定的标准重量和容积，造成运费过高而发生亏吨损失。

（8）动力选择不当。是指未利用各种运输工具的优势，选择不正确的运输方式，造成运力浪费，费用加大。

小贴士

影响农产品运输合理化的因素

1. 运输距离　尽可能组织农产品就近运输，使农产品走最短的路程运达目的地。

2. 运输环节　尽量减少不必要的中间环节，减少中转次数、装卸搬运次数。

3. 运输时间　尽快组织农产品调运，缩短农产品在途滞留时间。

4. 运输工具　尽可能利用各运输工具的优势，发挥其最大作用。

5. 运输费用　尽力减少各项费用开支，降低运输成本。

5. 农产品运输合理化的措施

（1）选择最佳的运输方式，发挥各自优势。现阶段，农产品运输的主要方式有铁路运输、公路运输、水路运输、航空运输等，这些运输方式各有特点和适用范围。农产品生产经营者应根据农产品运输任务和具体条件，因地制宜地选择适当的运输工具，也可以几种工具联合起来运输。

（2）正确选择农产品运输路线。在组织农产品运输时，应对所采用的运输路线，就其运输的时间、里程、环节、费用等方面进行综合对比计算，选择最经济、最合理的运输路线。最佳运输路线应符合时间短、里程短、环节少、费用省等要求。应尽可能实行直线运输，以避免或减少迂回、中转等不合理运输现象。

（3）采用直达、直拨运输。采用直达运输方式运送农产品时，中间不经过其他经营环节、不转换运输工具，能大大缩短农产品待运和在途时间，减少在途损耗，节约运输费用。尤其是易腐易损农产品的运输，应尽可能采用直达运输方式。

在组织农产品直达运输时，应当和"四就"直拨的发运形式结合起来，灵活运用，经济效益会更好。

直拨运输是指调出农产品时直接在产地组织分拨各地，调进农产品时直接在调进地组织分拨调运。直拨运输一般适用于品种规格比较简单，挑选不大的大宗农产品运输。

小贴士

"四就"直拨运输

"四就"直拨，指就厂直拨、就站直拨、就库直拨和就车（船）过载。

1. 就厂直拨 是批发商收购农产品后，不经过批发仓库，将农产品由生产场地直接调拨给要货单位。

2. 就库直拨 是将在仓库储存保管的农产品，在发货时，不采取逐级层层调拨的方法，而是越过不必要的中间环节，直接从仓库拨给要货单位。

3. 就站直拨 是将从外地调入，到达车站或码头的农产品，不运入批发仓库，就在车站、码头直接分拨给有关要货单位。

4. 就车（船）过载 是将到达消费地或集散地的农产品，不入库保管，就车（船）直接转换其他运输工具，将农产品分送给各要货单位。

"四就"直拨是减少运输中间环节和装卸次数、降低运输费用的一种合理运输形式。

（4）提高运输工具的使用效率和装载技术。提高运输工具使用效率的要求是，既要装足吨位，又要装满容积。这就要求必须提高装载技术。

提高运输工具使用效率和装载技术的主要途径有：①改进包装技术，如对轻泡农产品科学打包，压缩体积，统一包装规格；②采用混装、套装，科学堆码，如把轻重农产品合理配装，缩小运输工具的装载空隙；③采用零担拼整车，合装整车运输；④组织双程运输，减少运输工具空驶等。

（5）建立农产品产销协作区，确定合理流向。按照近产近销的原则，在产销平衡的基础上，调整和设置农产品购销储运网点，划定农产品产销协作区，改变按行政区域调拨农产品的做法，防止农产品盲目乱流，消除对流、倒流、过远等不合理运输。

此外，搞好农产品运输，还应大力开发应用农产品运输的保鲜技术与设备，改善农产品运输的基础设施，建立农产品运输的绿色通道等。

三、农产品装卸搬运合理化

1. 农产品装卸搬运的概念

农产品装卸是指农产品在指定地点以人力或机械装入运输设备或卸下。它是改变农产品存放、支承状态的活动，主要指农产品上下方向的移动。

农产品搬运是指在同一场所内，对农产品进行水平移动为主的物流作业。它是改变农产品空间位置的活动，主要指农产品横向或斜向的移动。

在实际操作中，农产品装卸与搬运是密不可分的，两者是伴随在一起发生的。通常装卸搬运是合在一起用的，有时候单称"装卸"或单称"搬运"，也包含了"装卸搬运"的完整含义。

2. 农产品装卸搬运的特点

（1）附属、伴生性的活动。农产品装卸搬运是农产品物流每一项活动开始及结束时必然发生的活动，是其他操作不可缺少的组成部分。如汽车运输，实际就包含了相随的装卸搬运；仓库中的保管活动，也含有装卸搬运活动。

（2）支持、保障性的活动。农产品装卸搬运会影响其他农产品物流活动的质量和速度。如农产品装车不当，会引起运输过程中的损失；卸放不当，会引起下一步作业的困难。许多物流活动在有效的装卸搬运支持下，才能实现高水平运转。

（3）衔接性的活动。其他农产品物流活动互相过渡时，一般是以装卸搬运来衔接的。装卸搬运是农产品物流各功能之间能否形成有机联系和紧密衔接的关键。一个有效的物流系统，关键看这一衔接是否有效。

3. 农产品装卸搬运的作业方式（表 8-6）

表 8-6　农产品装卸搬运的作业方式

装卸搬运方式	操作方法
吊上吊下	采用各种起重机械从货物上部吊起，依靠起吊装置的垂直移动实现装卸，并在吊车运行的范围内或回转的范围内实现搬运。由于吊起及放下主要是垂直运动，这种装卸方式属垂直装卸（图 8-5）
叉上叉下	采用叉车从货物底部托起货物，并依靠叉车的运动进行货物的位移，搬运完全靠叉车本身，货物可不经过中途落地直接放置到目的地。这种方式垂直运动不大而主要是水平运动，属水平装卸（图 8-6）
滚上滚下	主要指港口装卸的一种水平装卸方式。利用叉车或半挂车、汽车承载货物，连同车辆一起开上船，到达目的地后再从船上开下。它需要有专门的船舶，这种专门的船舶称"滚装船"（图 8-7）
移上移下	在两车之间（如火车和汽车）进行靠接，不使货物垂直运动，而靠水平移动从一个车辆上推移到另一车辆上
散装散卸	对大批量粉状、粒状货物进行无包装散装、散卸，一般从装点直到卸点，中间不再落地。主要有重力法、倾翻法、机械法

图 8-5　吊上吊下

图 8-6　叉上叉下

图 8-7　滚装船

4. 农产品装卸搬运的合理化措施

（1）防止无效的装卸搬运。尽量减少装卸搬运次数、包装要适宜、缩短装卸搬运的距离等。

（2）提高装卸搬运的灵活性。在堆放货物时，事先要考虑到装卸搬运作业的方便性。装卸搬运的灵活性，即装卸搬运的难易程度，根据货物的放置状态，可分为不同的级别：

- **0级** 货物杂乱地堆在地面上；
- **1级** 货物装在容器中或经捆扎；
- **2级** 装在容器中或被捆扎后的货物，下面放有枕木或其他衬垫，便于叉车或其他机械作业的状态；
- **3级** 货物放于搬运车上，即刻可移动的状态。

（3）实现装卸搬运的省力化。在装卸搬运时，应尽可能地消除或减少重力的不利影响，在有条件的情况下充分利用重力进行装卸，可减轻劳动强度和能量的消耗。

（4）提高装卸搬运的机械化水平。利用装卸搬运机械，将作业人员从繁重的体力劳动中解放出来，可提高装卸搬运的效率。

（5）推行组合化装卸搬运。将货物以托盘、集装箱、集装袋为单位进行组合后装卸，即"集装处理"。对于包装的货物，尽可能进行集装化，实现单元化装卸搬运，可提高作业效率，节约大量装卸搬运时间。

四、农产品流通加工合理化

1. 农产品流通加工的含义

农产品流通加工是指农产品从生产地到消费地的流动过程中，为了促进销售、维护产品质量、提高物流效率等目的，根据需要对农产品实施的简单加工作业活动（如分拣、清洗、分割、计量、包装、刷标志、栓标签、组装等）的总称。

2. 农产品流通加工的特点

（1）流通加工的目的。主要是保护农产品的使用价值，延长农产品的储存时间，提高农产品的附加值，更好地满足用户的多样化需要，提高物流效率，降低物流成本。

（2）流通加工的对象。主要是进入流通领域的农产品。

（3）流通加工的程度。一般是简单的加工作业，是为了更好地满足需求而对生产加工的一种补充。

（4）流通加工的主体。是从事农产品物流活动的物流经营者，由其结合流通需要组织的加工活动。

3. 农产品流通加工的主要方式 （表 8-7）

4. 农产品流通加工合理化措施

不合理流通加工的表现形式主要有：流通加工地点设置不合理；流通加工方式选择不当；流通加工作用不大，形成多余环节；流通加工成本过高，效益不好。

表 8-7　农产品流通加工的方式

流通加工方式	举　例
除杂去废加工	如根据质量要求，剔除出有损伤的、腐烂变质的及规格、品质不一致的苹果，这是最基本的要求
清洗净化加工	如将蔬菜用清水浸泡、冲洗或喷淋，除去泥土污物、降低农药残留等，使其符合卫生要求
分级分类加工	如根据苹果、橙子等的大小、形状、色泽、成熟度等，按一定的等级标准，分为优等品、一等品、二等品、三等品，使其标准化，以利于包装、储运和销售
切削分割加工	如将肉、鱼等进行切削分割加工，方便顾客
粉碎加工	如将绿豆、玉米粒等粉碎加工成面粉，满足顾客的多元化需求
腌泡加工	如将豆角、萝卜、黄瓜等用盐、食醋、白糖等调味品进行加工，便于储存
干燥脱水加工	如将葡萄采用自然阴干或人工烘干法加工成葡萄干
冷冻冷藏加工	如将肉类、水产品、果蔬等鲜活农产品进行冷冻冷藏保鲜，减缓其腐败变质
密封包装加工	如将蜂蜜、牛奶等经过消毒杀菌后，进行密封包装，有效地保证了产品质量
分装加工	如将过大包装或散装物分装成适合一次销售的小包装，以促进产品的销售

为避免各种不合理现象，实现流通加工的合理化，主要应考虑以下几个方面：

（1）加工和配送结合。将流通加工设置在配送点，按配送的需要进行加工，加工后的产品可直接投入配货作业，无需单独设置一个加工的中间环节，使流通加工与中转流通巧妙地结合在一起。

（2）加工和配套结合。配套是指对使用上有联系的农产品集合成套地供应给用户使用，如方便食品的配套。

（3）加工和合理运输结合。在干线运输及支线运输的结点，设置流通加工环节，按干线或支线运输合理的要求对农产品进行适当加工，从而大大提高运输效率。

（4）加工和合理商流结合。农产品通过简单的改变包装加工，形成方便的购买量；通过组配加工，便于消费者定量食用，消除顾客使用前繁杂的家务劳动；通过分拣、净化、切块、分装等加工活动，满足消费者的需求，有效地促进销售。

（5）加工和节约结合。流通加工要以低成本实现农产品的高附加值，必须节约能源、节约设备、节约人力、减少耗费，避免浪费。节约是流通加工合理化要考虑的重要因素。

五、农产品包装合理化

农产品包装是指在物流过程中为保护农产品，方便其储存、运输、装卸搬运等作业，促进其销售，按一定技术方法采用容器、材料及辅助物等，将农产品包封并予以适当装潢和标志的工作的总称。

1. 农产品包装在物流中的作用

（1）保护农产品。维持农产品质量，是包装最基本最重要的功能。包装可以防止农产品的破损变形、霉腐变质，防止有害生物对农产品的侵害以及异物混入造成的污染和农产品的丢失、散落等。

（2）方便物流。在物流全程中，科学合理的包装会大大提高物流作业的效率和效果。经由合适包装的农产品，可方便计数盘点和堆码存放、缩短收发货时间、节省仓库空间、提高货车载货量，有利于采用机械化、自动化装卸搬运作业等。

（3）促进销售。包装是农产品的外在形象，是农产品很好的宣传媒介。富有特色的包装可以诱导和激发消费者的购买欲望，对消费者的购买有刺激作用，良好的包装可起到"无声推销员"的作用。

2. 农产品包装常用技术

（1）防震包装。又称缓冲包装，是为防止农产品在运输、装卸搬运作业中的振动、冲击等而造成损坏所采用的包装技术，是在内装材料中运用各种防震材料，如鸡蛋的包装。

（2）防潮包装。是为了防止潮气侵入包装件影响内装物质量而采取的防护措施。涂蜡法、涂油法等，即在外包装里层，或是内包装、包装件面层加涂蜡、油漆等防潮材料。还有一些防湿材料如牛皮纸、铝箔、塑料薄膜等可以用来直接包裹产品。也可以装中封入干燥剂。

（3）防霉腐包装。是指在流通过程中防止包装及内装物霉变、腐烂影响质量而采取的防护措施。防霉腐包装一定要根据微生物的生理特点，改善、控制包装储运的环境因素，以达到抑制霉菌生长的目的。

（4）防虫包装。是指为保护内装物免受虫类侵害而采用的一定防护措施。在包装农产品时，放入一定量的驱虫剂。还可采用真空包装、充气包装、脱氧包装等技术来防止害虫。

（5）特种包装。包括充气包装、真空包装、脱氧包装等。

● **充气包装** 又称气体置换包装，是将产品装入气密性包装容器，采用氮气、二氧化碳等不活泼气体置换包装容器内空气的一种包装技术，通过降低氧气浓度抑制微生物的生理活动、酶的活性以及鲜活产品的呼吸作用来达到防霉、防腐、保鲜等作用。

● **真空包装** 将产品装入气密性包装容器之后抽去容器内的空气，使得密封后的容器内基本没有空气的一种包装方法。真空包装可以避免或减少脂肪氧化，并能够抑制某些霉菌和细菌的生长。

● **脱氧包装** 指在密封的包装容器中使用能与氧气发生化学作用的脱氧剂，从而除去容器内的氧气，达到保护产品的目的。脱氧包装主要适用于某些对氧气特别敏感的物品，如茶叶的包装就可以采用此技术。

（6）集合包装。是指用集装器皿或采用捆扎方法，把若干个单件组合成一件大包装，以适应机械化作业的要求，加快装卸、搬运、存储、运输等物流活动。

图 8-8 托 盘

常见的集合包装方式有托盘（图 8-8）、集装箱、集装袋等。

● **托盘包装** 是以托盘为承载物，将包装件或产品堆码在托盘上，通过捆扎、裹包或胶粘等方法加以固定，形成一个搬运单元，以便于使用机械设备装卸搬运的包装形式。

● **集装箱** 指具有一定强度、刚度和规格，专供周转使用的大型装货容器（图 8-9）。

图 8-9 集装箱

小 贴 士

集装箱的特点

（1）具有足够的强度，能长期反复使用。

（2）在运输途中转运，无须将货物从箱内取出换装，方便货物运送。

（3）可实现快速装卸，可从一种运输工具直接方便地更换到另一种运输工具。

（4）便于货物的装满和卸空。

● **集装袋**　又称柔性集装袋，是集装单元器具的一种，它适用于装运大宗散状粉状、颗粒、块状物料，如粮谷等（图 8-10）。

图 8-10　集装袋

我国主要生产的集装袋类型有塑料集装袋、橡胶集装袋、帆布集装袋。

3. 农产品包装合理化的措施

农产品包装合理化，是指在包装过程中使用适当的材料和适当的技术，制成与农产品相适应的容器，节约包装费用，降低包装成本，既要满足包装保护商品、方便储运、有利销售的要求，又要提高包装的经济效益的管理活动。

（1）农产品包装适度化。农产品包装要适度，既要防止包装不足，又要防止包装过度。包装不足会使流通中农产品受损、变质及促销能力降低。包装过度会造成浪费，增加产品的成本，对于普通商品，包装成本占总成本的 3%～15% 时最为合理。如人参用麻袋包装太简单，人参用红木盒子包装太浪费。

（2）农产品包装大型化与集装化。采用托盘、集装箱等进行集合包装，有利于装卸搬运、运输、保管等过程中的机械化，有利于加快这些环节的作业速度。

（3）农产品包装标准化。农产品包装的规格与托盘、集装箱关系密切，包装的尺寸标准应尽可能与运输车辆、装卸搬运机械、仓库相配合，以适应运输、装卸搬运、仓储作业的要求。

（4）农产品包装机械化与自动化。实行机械化、自动化包装，可以提高包装作业效率，节省劳动力，提高农产品的安全性。

（5）农产品包装绿色化。农产品包装材料、容器应安全无害，包装要节省资源、经济实用，用后要可循环使用或回收利用，焚烧时无毒害气体，填埋时能生物降解，便于废弃物的治理。

六、农产品配送合理化

1. 农产品配送的含义

农产品配送是指在经济合理的区域范围内，根据客户的要求，对农产品进行拣选、加工、包装、配货、配装、送货等作业，按时送达客户的活动过程。

配送是物流功能要素中一种特殊的、综合的活动形式。一般的配送集装卸、包装、保管、运输于一身，通过这一系列活动完成将农产品送达到客户的目的；特殊的配送还要以加工活动为支撑。

农产品配送主要包括农产品供应商配送和超市连锁配送两方面。其中，前者主要包括农产品配送企业、农产品批发市场、农产品生产者的专业协会等配送主体向超市、学校、宾馆和社区家庭等消费终端配送农产品的过程，而后者主要是经营农产品的超市由总部配送中心向各连锁分店和其他组织配送农产品的过程。

农产品配送与农产品运输的区别见表8-8。

表8-8 农产品配送与农产品运输的区别

项目	运　输	配　送
线路	从产地仓库到物流中心	从物流中心到终端客户
距离	中长距离干线运输	短距离支线运输
批量	大批量、少品种	小批量、多品种
工具	大型货车或铁路/水路运输	小型货车
附属功能	功能简单（装卸、捆包）	功能综合（装卸、保管、分拣、包装、流通加工、订单处理等）

2. 农产品配送的模式

（1）按配送时间和数量分。主要有定时配送、定量配送、定时定量配送、定时定线配送、即时配送等（表8-9）。

表8-9 按配送时间和数量分的农产品配送模式

配送模式	操作方式	特　点
定时配送	按规定的时间间隔进行配送，如每天或数小时配送一次蔬菜。配送的数量及品种可根据用户的要求有所不同。包括日配、小时配、准时配送	由于时间固定，有利于安排配送计划及车辆
定量配送	按规定的数量，在一个指定的时间范围内进行配送。如每次配送50千克土豆、20千克青菜等	由于品种数量固定，配货工作简单，有利于提高配送效率

（续）

配送模式	操作方式	特　　点
定时定量配送	按规定的时间和规定的品种数量进行配送。如每周三配送 50 千克土豆、每天上午配送 20 千克青菜	兼有定时和定量配送的优点，但执行难度较大。一般只针对固定的客户提供此服务
定时定线配送	在规定的运行路线上，制定到达时间表，按运行的时间表进行配送	用户可有计划地安排接货，有利于安排车辆及人员配备，配送工作相对较容易，配送费用较低
即时配送	按客户临时提出的时间和品种数量要求进行及时配送	要求及时安排最佳配送车辆和路线，对配送的服务质量及应变能力要求较高

（2）按组织方式分。主要有自营配送、第三方配送、共同配送、互用配送模式（表 8-10）。

表 8-10　按组织方式分的农产品配送模式

配送模式	操作方式	特　　点
自营配送	农产品生产经营者自身筹建并组织管理农产品配送的各个环节，实现对内部的供应配送及外部的分销配送；适用于大规模集团公司、连锁企业等	优点：反应快速、灵活，可以较好地控制农产品配送活动。缺点：投资规模大，成本费用高
第三方配送	农产品交易双方把自己需要完成的配送业务委托给第三方来完成的一种配送运作模式	优点：高效、成本低、可满足个性化需求；缺点：对农产品的配送不能进行及时有效的监控
共同配送	也称共享第三方物流服务，指多个农产品生产经营者联合起来共同由一个第三方物流服务公司来提供配送服务。它是在配送中心的统一计划、统一调度下展开的。有两种运作形式：（1）由一个专业配送中心综合各家农产品生产经营者的要求，统筹安排配送时间、数量、次数、路线，全面进行配送；（2）仅在送货环节上将各家待运送的农产品混载于同一辆车上，然后按照要求分别将货物运送到各个接货点	优点：实现配送资源的有效配置，弥补配送功能的不足，提高配送效率，降低配送成本；缺点：配送货物繁杂，客户要求不一致，难于管理；运作主体多元化，管理协调困难；商业机密容易泄露
互用配送	几个农产品生产经营者为了各自利益，以契约的方式达到某种协议，互用对方配送系统而进行的配送模式	优点：不需要投入较大的资金和人力，就可以扩大自身的配送规模和范围；缺点：需要有较高的管理水平以及与相关方的组织协调能力

小贴士

共同配送模式与互用配送模式的差异

（1）共同配送旨在建立配送联合体，强调联合体的共同作用，以强化配送功能、为社会服务为核心；而互用配送模式旨在提高生产经营者自己的配送功能，强调自身的作用，以自身服务为核心。

（2）共同配送的合作对象须是经营配送业务的，而互用配送的合作对象既可以是经营配送业务的，也可以是非经营配送业务的。

（3）共同配送合作的稳定性较强，而互用配送合作的稳定性较差。

3. 农产品配送的流程

农产品配送的一般流程如图 8-11 所示。

图 8-11　农产品配送的一般流程

（1）进货。即组织货源，包括订货、集货、有关的质检等工作。进货是配送的基础工作，如果进货成本太高，会降低配送的效益。

（2）加工。按照客户的要求所进行的流通加工活动，以提高客户的满意度，提高配送的吸引力。并不是所有的配送业务都有加工环节。

（3）储存。按照一定时期的配送计划要求，把购到的各种农产品分门别类储存在相应场所或设施中。

（4）分拣。配送中心依据顾客的订单要求或配送计划，迅速、准确地将所需农产品从其储位或其他区位拣取出来，并按一定的方式进行分类、集中的作业过程。

（5）配货。把拣取分类完成的货品经过加工、检验后，装入容器和做好标示（包装），再运到配货准备区，等待装车后发运。

（6）配装。在单个用户配送数量不能达到车辆有效负载时，就需要对不同用户的货物，依就近原则进行组配装载，以充分利用车辆的容积和载重，节省运力，降低配送费用。

（7）送货。配送中的运输环节，是物流运输中的末端运输，由于配送用户多，如何组织最佳送货路线，成为送货的难点与关键点。

要圆满地完成货物的移交任务，有效方便地处理相关手续、进行货款结算，还应选好卸货地点、卸货方式等。

小贴士

农产品配送的特殊流程

1. 没有储存工序的配送流程（图 8-12） 适用于保质期较短或保鲜度较高的农产品的配送。

图 8-12　没有储存工序的配送流程

2. 有储存工序的配送流程（图 8-13） 适用于数量较大，且保值期较长的农产品的配送。

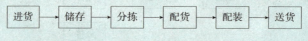

图 8-13　有储存工序的配送流程

3. 有加工工序的配送流程（图 8-14） 适用于有加工需求的蔬菜、鲜果、肉、水产品等的配送。

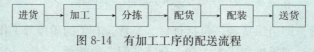

图 8-14　有加工工序的配送流程

小贴士

配送分拣的方式

配送分拣一般采取两种方式：订单拣取(摘果式)和批量拣取(播种式)

1. 订单拣取（摘果式） 针对每一份订单，分拣人员按照订单所列品种及数量，将货物从储存区域或分拣区域拣取出来，然后集中在一起的拣货方式。

● **特点** 作业方法简单，出错率低；接到订单可立即拣货，作业前置时间短；作业人员责任明确。但货物品种较多时，拣货行走路线加长，拣取效率较低；拣货路径重复费时。

● **适用场合** 用户之间的需求差异较大，需求的种类较多，用户不稳定，订单数量变化频繁，用户配送时间要求紧急。

2. 批量拣取（播种式） 将多个客户的订单集合成一批，按照品种类别汇总后再进行拣货，然后依据不同客户或不同订单分类集中的拣货方式。每个拣货员每次拣选多个客户的订单。

● **特点** 可缩短拣货员行走距离；增加单位时间的拣货量。但订单需要积累到一定数量，才做一次性的处理，订单处理的前置时间长。

● **适用场合** 用户需求的差异较小，需求品种少，用户数量较多且稳定，用户配送时间的要求没有严格限制。

■ 拓展阅读

美特好的新型农产品加工配送中心

山西美特好连锁超市股份有限公司（以下简称"美特好"）是一家以超市大卖场为主营业态，融合 SPAR 美特好生鲜、美特好便利、美都汇购物广场、美特好团购网、星美电影城为一体的大型零售企业集团。

在当前零售业利润越来越薄的情况下，连锁企业都把目光投向了物流与配送管理，只要企业能将此方面的成本控制到最小，就能进一步增加市场竞争力。因此，建设高效的现代化物流系统是零售企业发展核心竞争力的必然趋势。

美特好清徐县农产品加工配送中心是美特好公司战略投资发展项目和国际 SPAR 的重点合作项目。从建筑规模来看，目前是中国华北地区最大的物流项目，总投资额 6.8 亿元，项目一期占地面积 247 亩，分为常温配送中心、低温农产品配送和生鲜加工中心三部分。主要流程为：

1. 收货 常温商品与农产品分别设立独立的收货区。为避免刮风对蔬菜类农产品带来的损耗，在南侧建筑西面特别设计一块凹进避风角落专用于蔬菜类农产品收货。

供应商送货到物流中心前，需在美特好物流系统里预约时间。因美特好新配送中心建设为标准的收货月台，距离地面 1.3 米高，故供应商必须采用标准车辆送货才能被接受。

配送中心实现了全程信息化管理，大大提高了运作效率和管理水平。为方便收货，美特好要求供应商除了商品条码外还要有箱条码，如供应商暂时无箱条码，美特好也需在接货时自己打印箱条码。

常温商品收货后打印箱条码与托盘条码，以托盘为单位入库上架。肉类来自太原周边肉联厂，蔬果大部分来自美特好的农超对接基地。按照美特好要求，大部分农产品以标准件送货，即供应商对蔬果先进行大小、重量分类，以标准物流箱送货，到货之后，美特好只需抽检部分商品，便可迅速收货，不用每个品种都过秤验收。

2. 储存与加工　常温包装商品进入常温区储存，农产品按照各自不同的温度要求进入不同库区储存或加工。

蔬菜水果需要在一层加工区进行分类、称重、包装、贴标签等初加工，再进入周转箱进入冷藏库储存或即时分拣发货。一层还特地建有9间香蕉催熟房及包装类冷冻食品储存的冷冻库。

畜产品、面点等加工原料送上二层加工中心，分别进入不同的加工车间加工并储存。畜产品是加工的重要品种，为方便接受畜产品，在一层特地设计了半扇猪的挂钩输送线，猪肉可由输送线从专门的收货口直接送到二层加工间。

所有加工品都使用特定的塑料周转箱。装载加工品的周转箱在一层要经过特殊的设备清洗、消毒、烘干，再由输送线送上二层各个加工间，装载货物后按系统指示输送至一层待发货。

为保障食品卫生，加工车间管理颇为严格。如人员需经过换装换鞋、风淋、消毒等多道程序方可进入加工车间。

为科学保障冷链衔接，农产品与生鲜加工中心还设有多个温度过渡间，让货物适应温度的变化。

3. 拣货装车　美特好的发货比较特殊，不是由仓库决定的，而是由运输部决定的。配送中心每天接收到门店订单后，先发至运输部，运输部根据配送路线与当天交通情况、车辆情况，如是否单双号限行、是否大车禁入等，安排每辆车的配送订单和优先权级。仓库再按照此车辆配送订单组织拣货装车。总体说来，由运输部安排配送订单更适应当前国内城市的交通情况，配送也更有效率。

为提高发货效率，美特好自创了笼车发货。在配送中心，无论是常温区还是低温区，所有货物都采用定制笼车为载具。发货时直接将笼车推入车厢，门店收货时也直接将笼车卸下、直接推入卖场货架前上货。一些水果类商品如西瓜，还可以直接将笼车摆放在门店用于销售。

笼车里的货物装货顺序与门店货架商品陈列面以及仓库货架产品储存

相对应，可按照一个顺序装货，一个顺序拣货，无需翻腾，大大提高了配送中心发货、门店收货的效率。

新配送中心运营良好，大大提升了美特好物流与供应链效率，为促进门店销售和业务扩张奠定了坚实的基础。

（资料来源：中国物流产品网，2012年12月4日）

4. 农产品配送不合理的表现

（1）资源筹措不合理，如筹措资源不讲究规模，不是集中多个客户需要进行大批量筹措，致使资源筹措费提高；配送量计划不准，资源筹措过多或过少等。

（2）库存不合理，如库存量不足、库存结构不合理等。

（3）价格不合理，配送成本过高或过低。

（4）配送与直送的选择不合理，大批量的用户不直送，小批量的用户不配送。

（5）送货中运输不合理，如车辆达不到满载、运输路线不是最优等。不合理运输的表现形式，在配送中都可能出现。

5. 农产品配送合理化的措施

配送合理化是指在满足客户需求的情况下，运用最少的成本，及时完成配送任务。配送合理化的评价及衡量因素主要包括成本、效率和用户满意度等。

（1）推行一定综合程度的专业化配送。采用专业设备、设施及操作程序，降低配送的复杂程度及难度，来追求配送合理化。

（2）推行加工配送。加工和配送结合，可实现增值，实现与客户的紧密联系，避免了加工的盲目性。

（3）推行共同配送。共同配送可以提高配送效率，以最近的路程、最低的配送成本，追求配送合理化。

（4）实行双向配送。每辆运货车在将客户所需的货物送到目的地后，再将该客户的产品或其他物品用同一车运回配送中心，进行储存、加工或其他处理的过程。尽量减少返程车辆的空载率，也使配送中心的功能得到更大发挥。

（5）实行准时配送。配送做到了准时，客户才能放心地实现低库存或零库存，以追求最高效率的工作。

（6）尽量实行即时配送。即时配送成本较高，它是配送中心快速反应能力的体现，可吸引大量客户。

■ 案例分析

◆ 阅读案例

日本的农产品保鲜物流体系

农产品质量易受到温度、碰撞等条件变化的影响，建立高效的农产品保鲜物流体系，有利于减少流通过程中的损耗，提高农民收入并满足消费者对新鲜农产品的需求。日本的农产品保鲜物流体系较为成熟。

一、日本农产品保鲜物流的主要形态和流程

1. 农协和中央批发市场　是日本主要的农产品流通渠道，约占流通总量的60%。农产品生产者主要为中小农户，产品多为一般档次。流程如下：农户收获产品后送至农协，在农协进行预冷处理并分拣包装后，通过冷藏卡车等送至城市大型批发市场。产品进入批发市场马上进行拍卖，售出后通过冷藏卡车运送至中间商或零售商的冷藏库，直接摆上柜台。

2. 零售店与签约农户的产销直送模式　约占流通总量的20%，生产者多为大规模农户，中高档、特色产品较多。农户收获后，经简单分拣包装，直接通过冷藏卡车送至零售商的冷藏库或店头。

3. 网上直销、邮购等无店铺直销　约占流通总量的15%，产品以特产类为主。农户直接接受消费者订货，通过速递或邮局系统的小型冷藏箱送至消费者手中。

4. 农产品直销店系统　约占流通总量的5%，由农协提供销售店铺场地和信息、结算系统等基础设施，农民直接将产品摆放到店铺内并自行定价。店铺多处于产地附近，一般只有简单包装，并不使用冷链系统。

二、日本保鲜物流主要应用技术

为保持农产品的鲜度，需要根据不同产品和流通形态的特点，在收获、运输、存储等各个物流环节综合运用各类技术。

1. 冷链系统　它是农产品保鲜物流技术的核心，主要涉及预冷、冷冻冷藏运输和保温仓储等环节。

（1）预冷是指在农产品收获后立即对其进行迅速降温处理，通过预冷处理可以控制产品的呼吸作用和水分蒸发，防止有机酸、维生素C等营养成分的减少，抑制细菌繁殖，以达到维持产品色泽、防腐以及防止水果

过熟等保鲜目的。

(2) 冷冻冷藏运输是冷链系统的重要组成部分，主要涉及保温卡车、集装箱及保温箱技术等。日本大部分易腐农产品已使用保温卡车及保温集装箱运输，部分高档农产品还利用空运缩短流通时间。如清早收获的鲜鱼、高档水果等，当日就能出现在东京百货店的柜台上。

2. 保鲜包装　根据不同产品和流通形态的特点，采用适当的保鲜包装技术。

对土豆、洋葱等不易腐烂的蔬菜类等，可采取简单包装，通过容器内部的空气循环即可控制发霉和腐烂。并尽量扩大运输规模，提高运输效率，发挥规模成本优势。网上订货或邮购的小规模农产品流通上，使用泡沫塑料加制冷剂等冷藏包装。对优质高价的农产品可采取特殊包装，如日本在樱桃、桃、草莓等易碰伤水果的包装上广泛使用缓冲材料，并使用特制的保鲜箱，吸收水果散发的乙烯成分，控制水果过熟。此外，配合冷藏运输，有时需要使用泡沫塑料包装，在包装内置制冷剂。

采用可多次循环使用的运输容器可有效提高运输效率，降低运输成本。日本在农产品运上广泛使用标准尺寸的折叠式运输箱，运输时可叠加摆放，卸货后可折叠起来不占用运输空间，且可多次循环利用。

3. 保鲜仓储　冷冻冷藏仓库是保鲜仓储的基础。最近一些配合冷冻冷藏的技术开始推广，较为普及方法有：

(1) 气调储藏。使用氮气或二氧化碳抑制农产品的呼吸作用，以达到保鲜的效果。

(2) 干制保藏。采用自然干燥或人工干燥，对食品或食品原料进行脱水处理，使其水分降低到不致使食品腐败变质的程度，从而达到保鲜目的。

三、日本政府对农产品保鲜物流的支持

1. 日本政府对农产品流通的支持主要体现在基础设施建设方面　如直接提供资金，完善公路交通网，在各地建立大型批发市场、预冷仓库、冷藏、冷冻仓库等设施。日本此类设施的初期投资往往由政府全额出资，建成后委托农协组织或公共机构经营维护。

2. 对农产品保鲜物流体系研究提供资金支持也是政府支持的重要方面　日本政府长期通过国家预算向各个国有农业研究所提供项目经费支持，地方政府也对地方性研究机构提供资助。

（资料来源：中国食品科技网，http：//www.tech-food.com）

◆ **分析讨论**

1. 农产品在物流过程中如何保鲜?

2. 该案例给了我们什么启示?

实训活动

如何开展农产品配送业务

◆ **实训目的**

1. 明确农产品配送的基本流程。

2. 掌握农产品配送的主要模式。

3. 培养树立物流合理化的意识。

◆ **实训步骤**

1. 2～3 人一组,以小组为单位开展活动。

2. 教师说明实训前的准备工作(如合理分工、知识储备、实训重点等)。

2. 学生考察当地一两个农产品配送企业(最好能参与其配送业务),了解其配送的模式和配送的流程,分析其合理性和存在的问题。

3. 小组讨论,分析整理资料。

农产品配送 企业名称	农产品配送的 模式	农产品配送的 流程	农产品配送 存在的问题	农产品配送的 合理化建议

4. 提交实训报告,班级交流。

◆ **实训地点与学时分配**

1. 地点:当地农产品配送企业、营销实训室。

2. 学时:课余时间(2～3 天)收集整理资料,2 学时课堂交流。

能力转化

◆ **填空题**

1. 农产品物流包括的基本功能有_____、_____、_____、

_____、_____、_____、_____。

2. 农产品仓储的基本方式有 _____、_____、_____、_____。

3. 农产品合理运输的五因素为 _____、_____、_____、_____。

4. 农产品装卸搬运的机械作业方式主要有 _____、_____、_____。

5. 集合包装方式主要有 _____、_____、_____，特种包装方式主要有 _____、_____、_____。

6. 农产品配送模式，按组织方式不同分为 _____、_____、_____、_____四种模式。

7. 农产品配送一般采取 _____和_____两种分拣方式。

◆ 判断题

1. 管道运输是农产品运输的主要方式之一。（　　）

2. 铁路运输适宜大宗农产品的短距离运输。（　　）

3. 农产品流通加工与生产加工的区别主要是：加工的目的不完全一致、加工的对象不尽相同、加工的复杂程度不同、加工的主体不同。（　　）

4. 农产品包装越豪华，越有利于农产品的销售。（　　）

5. 农产品配送与运输相比，配送的功能更综合、全面。（　　）

6. 保质期较短或保鲜度较高的农产品适宜采用有储存工序的配送。

◆ 思考题

1. 请列举几个通过仓储创造农产品时间效用和空间效用的实例。

2. 当地农产品运输中有哪些不合理表现？请结合实际谈谈如何解决。

3. 有 80 吨香蕉从广州运往山西，比较各运输方式的特点，选择合适的运输方式。

4. 请举例说明农产品流通加工有哪些主要方式。

5. 当地农产品包装采用的技术与材料有哪些？有何优势与不足？如何改进？

主要参考文献

陈国胜.2010.农产品营销 [M].北京：清华大学出版社.

冯金祥，张再谦.2007.市场营销知识 [M].北京：高等教育出版社.

李季圣，李志荣.2007.农产品营销理论与实务 [M].北京：中国农业大学出版社.

马骏，李变荣.2011.农产品营销案例解读 [M].北京：高等教育出版社.

孙天福.2005.市场营销基础 [M].上海：华东师范大学出版社.

孙肖丽.2011.市场营销原理与实务 [M].北京：清华大学出版社.

陶益清，臧日宏.2009.农产品市场营销 [M].北京：中国农业出版社.

谢守忠.2008.市场营销实训教程 [M].武汉：武汉大学出版社.

图书在版编目（CIP）数据

农产品营销/张小平主编 . —北京：中国农业出
版社，2017.8（2021. 2 重印）
新型职业农民示范培训教材
ISBN 978-7-109-23006-4

Ⅰ.①农…　Ⅱ.①张…　Ⅲ.①农产品－市场营销学－
技术培训－教材　Ⅳ.①F762

中国版本图书馆 CIP 数据核字（2017）第 134034 号

中国农业出版社出版
（北京市朝阳区麦子店街 18 号楼）
（邮政编码 100125）
责任编辑　郭晨茜

北京万友印刷有限公司印刷　　新华书店北京发行所发行
2017 年 8 月第 1 版　　2021 年 2 月北京第 3 次印刷

开本：720mm×960mm 1/16　　印张：15.25
字数：265 千字
定价：42.00 元
（凡本版图书出现印刷、装订错误，请向出版社发行部调换）